室内建筑工程制图

（修订版）

叶 铮 著

中国建筑工业出版社

图书在版编目（CIP）数据

室内建筑工程制图/叶铮著. —2版（修订版）.
北京：中国建筑工业出版社，2018.5（2022.4重印）
ISBN 978-7-112-21638-3

Ⅰ. ①室… Ⅱ. ①叶… Ⅲ. ①室内装饰设计-
建筑制图 Ⅳ. ① TU238

中国版本图书馆 CIP 数据核字（2017）第 310324 号

责任编辑：徐 纺 郑紫嫣
责任校对：姜小莲

室内建筑工程制图（修订版）
叶 铮 著
*
中国建筑工业出版社出版、发行（北京海淀三里河路9号）
各地新华书店、建筑书店经销
霸州市顺浩图文科技发展有限公司制版
北京建筑工业印刷厂印刷
*
开本：880×1230 毫米 1/16 印张：13 字数：369 千字
2018 年 5 月第二版 2022 年 4 月第十次印刷
定价：59.00 元（附网络下载）
ISBN 978-7-112-21638-3
（31295）

版权所有 翻印必究
如有印装质量问题，可寄本社退换
（邮政编码 100037）

再版说明

　　不断拓展的室内设计专业催生着本领域最基础的研究课题"室内工程制图"的同步发展。继 2004 年第一版《室内设计工程制图》出版后，时隔 13 年，在深化设计和解决设计表达的梳理总结中，泓叶设计团队又进一步扩充、调整了部分内容。新编内容既包含部分全新制图内容的增补，也包括对一些老问题所作出更为深入的阐述。这些调整补充包括："2. 尺寸标注"中的"2.5 尺寸标注逻辑秩序"；"3. 图面比例设置"中的比例设定原则；"5. 图纸命名与相关规范"中的照明剖立面定位图、照明节点图、配电图、室内产品（家具、灯饰）图；"9. 图面原则"；"13. 标高设定"等内容。

　　本版的编写不仅是制图内容上的扩充，亦是对室内制图深度规范、流程提供了框架的要求，尤其是在照明及室内产品制图方面，对室内设计师提出了更高的专业要求。因此，此书不同于普通制图原理的教科书，而是一本关于室内工程制图规程的专业管理书籍。

　　再次感谢上海泓叶室内设计咨询有限公司的同仁，在长期设计实践与探索中，不断完善并整理了此版内容，同时感谢中国建筑工业出版社徐纺女士与郑紫嫣编辑的鼓励帮助。希望本书的再版修订能对室内设计制图的进一步发展有所帮助，并对本学科的基础性专项课题研究有所铺垫。

叶铮

2017 年 10 月

第一版前言

设计需要通过一定的传达方式才能将其意图呈现出来，对于室内设计而言，工程制图无疑是众多表达中最为主要而严谨的方式。如今，制图原理与不断变幻着的设计需求之间的距离日益增大，制图作为表达设计思想的主流方式理应伴随设计主体的进步而作出新的补充和发展。同时，一部严格深入的制图规则，反过来能有助于促使设计者更深入全面地思考解决室内设计中的诸多专业问题，从而在客观上规定了设计内容表达的深度与广度。因此，设计制图既是设计思想得以可靠落实的专业保障，也是促进设计能力得以提升的有效方式，它具有双重功能。

室内制图采用的原理通常有如下几类，首先是水平剖切的空间正投影原理；其次是镜像压缩原理；再者是表皮面饰原理和三维轴测表达原理。本书采用的是以水平剖切原理为主，表皮面饰原理为辅的制图原理。同时，作为室内施工图的绘制，本书的另一原则是，施工图编制与分类以方便施工为原则，按施工过程中不同的类别及专业供应商为分类，使得工程实施的各方面能方便地得到自己所需的设计内容。这也就是为什么平面图会有如此多细分的原因。

本室内设计制图规范的编写是建立在上海泓叶室内设计工作室制图规范的基础上完成的。阅读本室内设计制图规范需要在完成大学建筑及室内专业制图课程的基础上，并有一定的绘制 CAD 施工图实践经验。所以，在制图中对有些入门的基础内容，就不包含在本书的讲述范围内。它不是一本系统的入门教材，而是指导室内设计师在室内施工图范畴内如何更详尽、更规范地进行室内设计工程图绘制的一本参考导则。

感谢在编写本书过程中得到上海泓叶室内设计工作室全体同仁的支持与努力，感谢建工出版社徐纺女士对本书编写工作所给予的鼓励和帮助。希望本书的出版能对室内设计师有所裨益。由于时间及自身认识有限，不免出现诸多错误和不当，有望得到专家和同行的指正，并为早日形成一部中国室内设计制图标准为盼！

目　录

1. 符号设置、文字设置

1.1 平面剖切符号

1.1.1 概念：平面剖切符号是用于在平面图中对各剖立面作出的索引符号。剖切符号由剖切引出线、剖视位置线和剖切索引号共同组成（图 1.1.1）。

1.1.2 剖切引出线由细实线绘制，贯穿被剖切的全貌位置。

1.1.3 剖视位置线的方向表示剖视方向，并同剖切索引号尖角指向一致，其宽度分别为 1.5mm（A0、A1、A2 幅面）和 1mm（A3、A4 幅面）（图 1.1.1-a、图 1.1.1-b）。

1.1.4 剖切索引号由直径 ϕ 14mm（A0、A1、A2 幅面）和直径 ϕ 12mm（A3、A4 幅面）的圆圈，并以三角形为视投方向共同组成（图 1.1.1）。

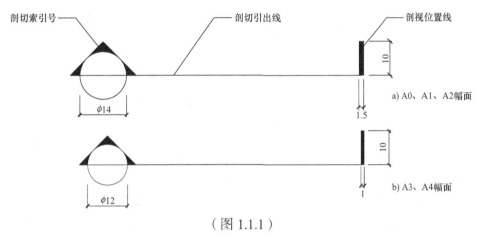

（图 1.1.1）

1.1.5 剖切索引号上半圆标注剖切编号，以大写英文字母表示，下半圆标注被剖切的图样所在的图纸号（图 1.1.5）。

1.1.6 上、下半圆表述内容不能颠倒，且三角尖所指方向即剖视方向（图 1.1.5）。

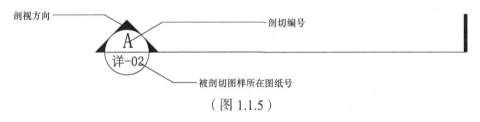

（图 1.1.5）

1.1.7 表示在同一剖切线上的两个剖视方向（图 1.1.7）。

（图 1.1.7）

1

1.1.8 表示经转折后的剖切符号，转折位置即转折剖切线位置（图1.1.8）。

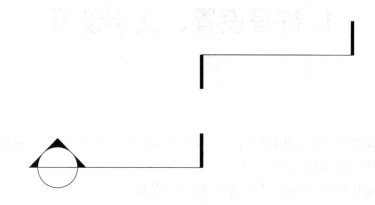

（图 1.1.8）

1.1.9 平面剖切符号的文字设置。

按 A0、A1、A2 幅面：　上半圆字高为 5mm

　　　　　　　　　　　下半圆字高为 3mm

按 A3、A4 幅面：　　　上半圆字高为 4mm

　　　　　　　　　　　下半圆字高为 2.5mm

字体均选用"宋体"

1.2　立面索引符号

1.2.1　概念：立面索引符号是用于在平面中对各段立面做出的索引符号。

1.2.2　立面索引符号由直径 ϕ14mm（A0、A1、A2 幅面）和直径 ϕ12mm（A3、A4 幅面）的圆圈，并以三角形为视投方向共同组成。

1.2.3　上半圆内的数字，表示立面编号，采用阿拉伯数字（图1.2.3）。

1.2.4　下半圆内的数字表示立面所在的图纸号（图1.2.3）。

1.2.5　上、下半圆以一过圆心的水平直线分界（图1.2.3）。

1.2.6　三角所指方向为立面图投视方向（图1.2.3）。

a) A3、A4幅面　　　　　　　　　　　　b) A0、A1、A2幅面

（图 1.2.3）

1.2.7 三角方向随立面投视方向而变，但圆中水平直线、数字及字母，永不变方向。上、下圆内表述内容不能颠倒（图 1.2.7）。

（图 1.2.7）

1.2.8 立面编号宜采用按顺时针顺序连续排列，且可数个立面索引符号组合成一体（图 1.2.8）。

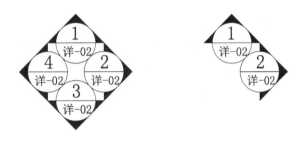

（图 1.2.8）

1.2.9 立面索引符号的文字设置。

按 A0、A1、A2 幅面： 上半圆字高为 5mm

下半圆字高为 3mm

按 A3、A4 幅面：   上半圆字高为 4mm

下半圆字高为 2.5mm

字体均选用"宋体"

1.3 节点剖切索引符号

1.3.1 概念：为了更清楚地表达出平、顶、剖、立面图中某一局部或构件，需另见详图，以剖切索引号来表达（图 1.3.1-a）。剖切索引号即索引符号 + 剖切符号（图 1.3.1-b）。

a)   b)

（图 1.3.1）

1.3.2 索引符号以细实线绘制，直径分别为 φ14mm（A0、A1、A2 幅面）和 φ12mm（A3、A4 幅面）。索引号上半圆中的阿拉伯数字表示节点详图的编号，下半圆中的编号表示节点详图所在的图纸号（图 1.3.2-a、图 1.3.2-b）。若被索引的详图与被索引部分在同一张图纸上，可在下半圆用一段宽度为 1mm（所有幅面）的水平粗实线表示（图 1.3.2-c）。索引号的三角尖方向为剖视向。

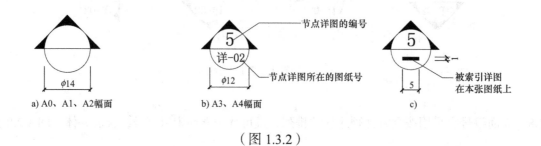

（图 1.3.2）

1.3.3 剖切索引详图，应在被剖切部位用粗实线绘制出剖切位置线，宽度分别为 1.5mm（A0、A1、A2）和 1mm（A3、A4），用细实线绘制出剖切引出线，引出索引号。且引出线与剖切位置线平行、对齐，相距分别为 2mm（A0、A1、A2）和 1.5mm（A3、A4）。引出线一侧表示剖切后的投视方向，即由位置线向引出线方向剖视，并同索引号的三角尖同视向（图 1.3.3）。

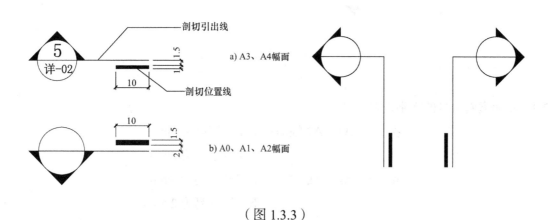

（图 1.3.3）

1.3.4 若被剖切的断面较大时，则以两端剖切位置线来明确剖切面的范围（图 1.3.4），此符号常被用于对立面或剖立面的整体剖切，即从顶至地的整体断面图。

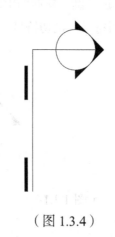

（图 1.3.4）

1.3.5　剖切节点索引符号的文字设置。

　　　　　　按 A0、A1、A2 幅面：上半圆字高为 5mm

　　　　　　　　　　　　　　　　下半圆字高为 3mm

　　　　　　按 A3、A4 幅面：　　上半圆字高为 4mm

　　　　　　　　　　　　　　　　下半圆字高为 2.5mm

　　　　字体均选用"宋体"（图 1.3.5）

a) A0、A1、A2幅面　　　　　　　　　　　　b) A3、A4幅面

（图 1.3.5）

1.4　大样图索引符号

1.4.1　概念：为进一步表明图样中某一局部，需引出后放大，另见详图，以大样图索引符号来表达。大样图索引符号是由大样符号＋引出符号构成（图 1.4.1）。

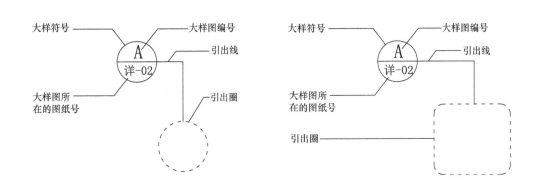

（图 1.4.1）

1.4.2　引出符号由引出圈和引出线组成（图 1.4.1）。

1.4.3　引出圈以细虚线圈出需被放样的大样图范围，范围较小的引出圈以圆形虚线绘制，范围较大的引出圈以倒弧角的矩形绘制，引出圈需将被引出的图样范围完整地圈入其中（图 1.4.1）。

1.4.4　大样符号与引出线用细实线绘制。

1.4.5　大样符号直径分别为 ϕ14mm（A0、A1、A2 幅面）和 ϕ12mm（A3、A4 幅面）。

1.4.6　大样符号上半圆中的大写英文字母表示大样图编号，下半圆中的阿拉伯数字表示大样图所在的图纸号。

1.4.7　若被索引的大样图与被索引部分在同一张图纸上，可在下半圆用一条宽度为 1mm（所有幅面）的水平粗实线表示（图 1.4.7）。

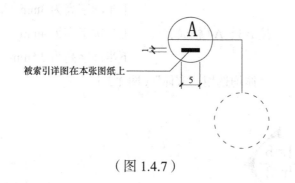

被索引详图在本张图纸上

（图 1.4.7）

1.4.8　大样图索引符号的文字设置。

按 A0、A1、A2 幅面：　　　上半圆字高为 5mm
　　　　　　　　　　　　　下半圆字高为 3mm

按 A3、A4 幅面：　　　　　上半圆字高为 4mm
　　　　　　　　　　　　　下半圆字高为 2.5mm

字体均选用"宋体"

1.5　图号

1.5.1　概念：图号是被索引出来表示本图样的标题编号。

1.5.2　图号类别范围

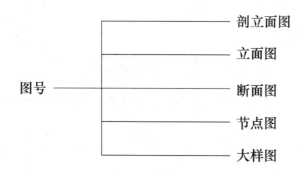

图号　————————　剖立面图
　　　　　　　　　　立面图
　　　　　　　　　　断面图
　　　　　　　　　　节点图
　　　　　　　　　　大样图

1.5.3　图号由图号圆圈、编号、水平直线、图名图别及比例读数共同组成（图 1.5.3）。

图号圆圈　　　图名图别　　　水平直线

Ⓐ剖立面图　　　　　　　S=1:50

图号编号　　　　　　　　　比例读数

（图 1.5.3）

1.5.4 图号圆圈直径分别是 φ14mm（A0、A1、A2 幅面）和 φ12mm（A3、A4 幅面）。

1.5.5 图号的横向总尺寸长度等同于该图样的横向总尺寸（不含尺寸线与引出线部分）（图 1.5.5）。

1.5.6 图号水平直线上端注明图号名称或图别。水平直线下端注明图号比例，且水平直线末端同比例读数后侧对齐（图 1.5.6）。

1.5.7 剖立面图、大样图以大写英文字母编号，立面图、断面图、节点图以阿拉伯数字为编号（图 1.5.6）。

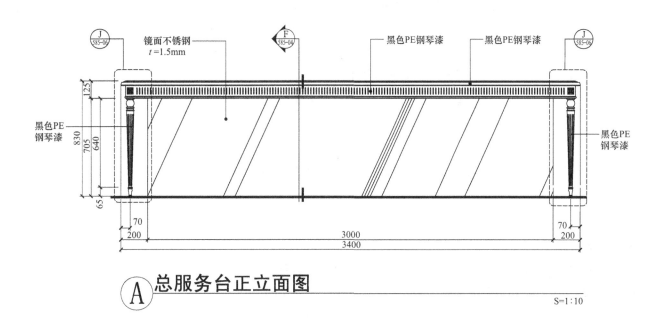

（图 1.5.5）

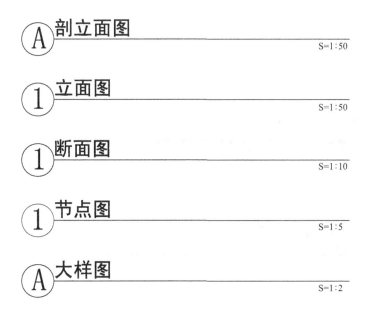

（图 1.5.6）

1.5.8 图号的文字设置。

按 A0、A1、A2 幅面：编号字高为 9mm

图名图别字高为 6mm

比例读数字高为 4mm

按 A3、A4 幅面：　编号字高为 8mm

图名图别字高为 5mm

比例读数字高为 3mm

图名图别字体为"粗黑"

编号、比例读数字体为"宋体"

1.5.9 节点详图内容力求在图名中具体表述清楚（如门套节点、总台节点……)，以方便对施工图的阅读与查询。

1.6 图标符号

1.6.1 概念：对无法体现图号的图样，在其图样下方以图标符号的形式表达，图标符号由两条长短相同的平行水平直线和图名图别及比例读数共同组成（图 1.6.1)。

1.6.2 上面的水平线为粗实线，下面的水平线为细实线，粗实线的宽度分别为 1.5mm（A0、A1、A2 幅面）和 1mm（A3、A4 幅面），两线相距分别是 1.5mm（A0、A1、A2 幅面）和 1mm（A3、A4 幅面），粗实线的左上部为图名图别，右部为比例读数。图名图别用中文表示，比例读数用阿拉伯数字表示（图 1.6.1)。

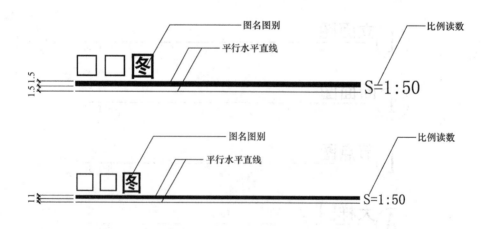

（图 1.6.1）

1.6.3 图标的文字设置。

按 A0、A1、A2 幅面： 图名图别字高为 6mm

比例读数字高为 4mm

按 A3、A4 幅面： 图名图别字高为 5mm

比例读数字高为 3mm

图名图别字体为"粗黑"

比例读数字体为"宋体"

1.7 材料索引符号

1.7.1 概念：材料索引符号用于表达材料类别及编号，以椭圆形细实线绘制（图 1.7.1）。

1.7.2 材料索引符号尺寸分别为 18mm × 10mm（A0、A1、A2 幅面）和 16mm × 9mm（A3、A4 幅面）。

1.7.3 符号内的文字由大写英文字母及阿拉伯数字共同组成，英文字母代表材料大类，后缀阿拉伯数字代表该类别内的某一材料编号（图 1.7.1）。

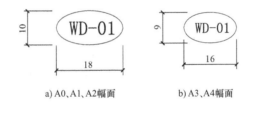

a) A0、A1、A2幅面   b) A3、A4幅面

（图 1.7.1）

1.7.4 材料引出需由材料索引符号与引出线共同组成（图 1.7.4）。

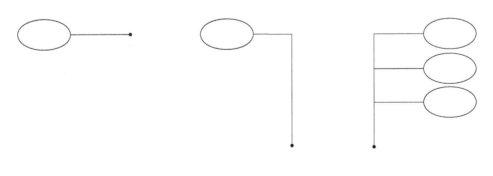

（图 1.7.4）

9

1.7.5　材料索引符号的文字设置。

按 A0、A1、A2 幅面：　　字高为 4mm

按 A3、A4 幅面：　　　　字高为 3mm

字体均选用"宋体"

1.8　灯光、灯饰索引符号

1.8.1　概念：灯光、灯饰索引符号用于表达灯光、灯饰的类别及具体编号，以矩形细实线绘制（图 1.8.1）。

1.8.2　灯光、灯饰索引符号尺寸分别为 17mm×8.5mm（A0、A1、A2 幅面）和 15mm×7.5mm（A3、A4 幅面）二种。

1.8.3　符号内的文字由大写英文字母 LT、LL 及阿拉伯数字共同组成，英文字母 LT 表示灯光，LL 表示灯饰，后缀阿拉伯数字表示具体编号（图 1.8.1）。

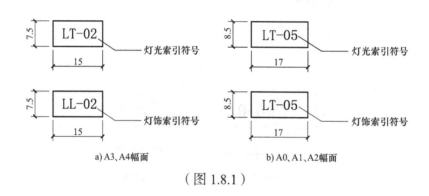

a) A3、A4幅面　　　　　　　　b) A0、A1、A2幅面

（图 1.8.1）

1.8.4　符号引出由灯光、灯饰索引符号与引出线共同组成（图 1.8.4）。

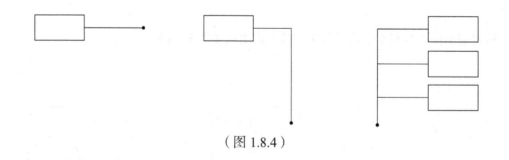

（图 1.8.4）

1.8.5　灯光、灯饰索引符号的文字设置。

按 A0、A1、A2 幅面：字高为 4mm

按 A3、A4 幅面：　　　字高为 3mm

字体均选用"宋体"

1.9 家具索引符号

1.9.1 概念：家具索引符号用于表达家具的类别及具体编号，以六角形细实线绘制（图 1.9.1）。

1.9.2 家具索引符号尺寸以过中心的水平对角线来计算，分别为 12mm（A3、A4 幅面）和 14mm（A0、A1、A2 幅面）（图 1.9.2-a、图 1.9.2-b）。

1.9.3 符号内文字由大写英文字母及阿拉伯数字共同组成，上半部分为阿拉伯数字，表示某一家具编号，下半部分为英文字母，表示某一家具类别（图 1.9.1）。

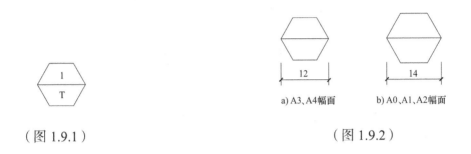

（图 1.9.1）　　　　　　　　　　　　　　　　（图 1.9.2）

1.9.4 符号引出由家具索引符号和引出线共同组成（图 1.9.4）。

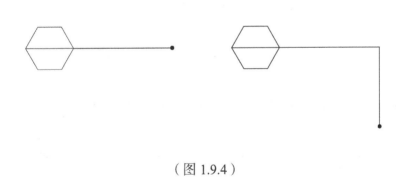

（图 1.9.4）

1.9.5 家具索引符号的文字设置。

按 A0、A1、A2 幅面：字高为 5mm

按 A3、A4 幅面：　　　字高为 3mm

字体均选用"宋体"

1.10 引出线

1.10.1 概念：为了保证图样的清晰、有序，对各类索引符号、文字说明采用引出线来连接。

1.10.2 引出线为细实线，以水平、垂直引出为主，以斜线引出为辅。斜线引出，左右向以 30° 引出为宜，上下向以 75° 引出为宜。

左右向 30° 斜向引出时，斜线为短边，水平边为长边。

上下向 75° 斜向引出时，斜线为长边，水平边为短边。

斜线引出，长边与短边之比在 1:3 至 1:4 之间为宜（图 1.10.2）。

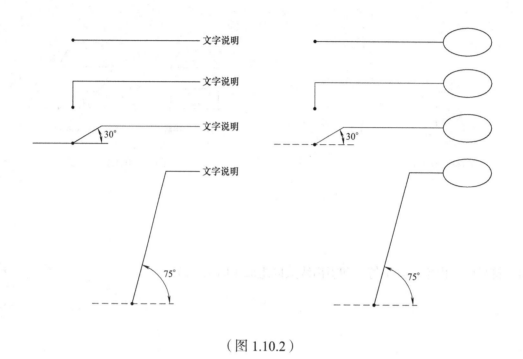

（图 1.10.2）

引出线角度与长度之比，可视具体情况作出调整，不应僵化执行。

1.10.3 引出线同时索引几个相同部分时，各引出线应互相保持平行（图 1.10.3）。

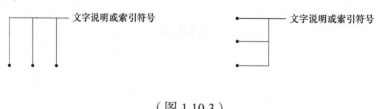

（图 1.10.3）

1.10.4 多层构造的引出线必须通过被引的各层，并保持垂直方向，文字说明的次序应与构造层次一致，为：由上而下，从左到右（图 1.10.4）。

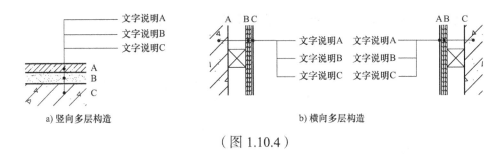

a) 竖向多层构造   b) 横向多层构造

（图 1.10.4）

1.10.5　引出线的一端为引出点（ϕ=1mm）或引出圈，引出圈以虚线绘制；另一端为说明文字或索引符号（图 1.10.5）。

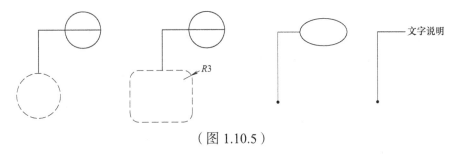

（图 1.10.5）

1.11　中心对称符号

1.11.1　概念：中心对称符号表示图样中心对称。

1.11.2　中心对称符号由对称号和中心对称线组成，对称号以细实线绘制，中心对称线以细点划线表示，其尺寸如图所示（图 1.11.2）。

（图 1.11.2）　　　　　　　　　（图 1.11.3）

1.11.3　当所绘对称图样需表达出断面内容时，可以以中心对称线为界，一半画出外形图样，另一半画出断面图样（图 1.11.3）。

1.12　折断线

1.12.1　概念：当所绘图样因图幅不够，或因剖切位置不必画全时，采用折断线来终止画面。

1.12.2　折断线以细实线绘制，且必须经过全部被折断的图面（图 1.12.2）。

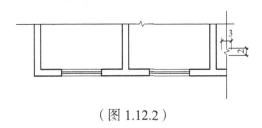

（图 1.12.2）

1.12.3 圆柱断开线：圆形构件需用曲线来折断，如下图所示（图 1.12.3）。

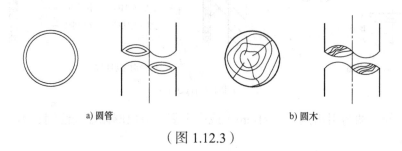

a) 圆管   b) 圆木

（图 1.12.3）

1.12.4 为更清晰表达整体与细部的构造关系，可采用折断线将整体压缩，放大局部构造，使细部节点同整体构造关系能更直接地交代出来 (图 1.12.4)。

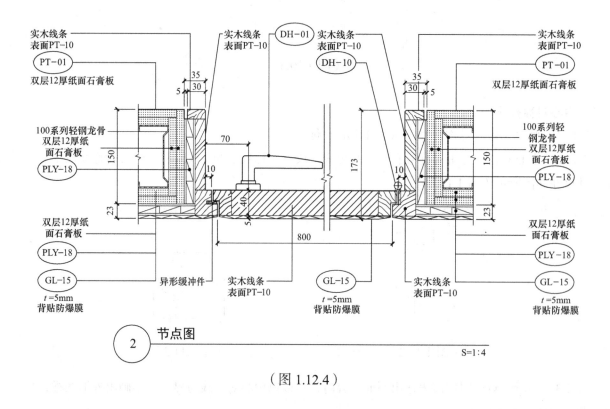

（图 1.12.4）

1.13 标高符号

1.13.1 概念：标高符号是表达建筑高度的一种尺寸形式（图 1.13.1）。

（图 1.13.1）   a) 地坪标高   b) 平顶标高

（图 1.13.2）

1.13.2 标高符号由一直角三角形构成，三角形高为 3mm，尖端所指被注的高度，尖端下的短横线为需注高度的界线，短横线与三角形同宽，地面标高尖端向下，平顶标高尖端向上，长横线之上或之下注写标高数字（图 1.13.2）。

1.13.3 标高数字以米（m）为单位，注写到小数点后第三位。

1.13.4 零点标高注写成 ±0.000，正数标高不注"＋"，负数标高应注"－"（图 1.13.4）。

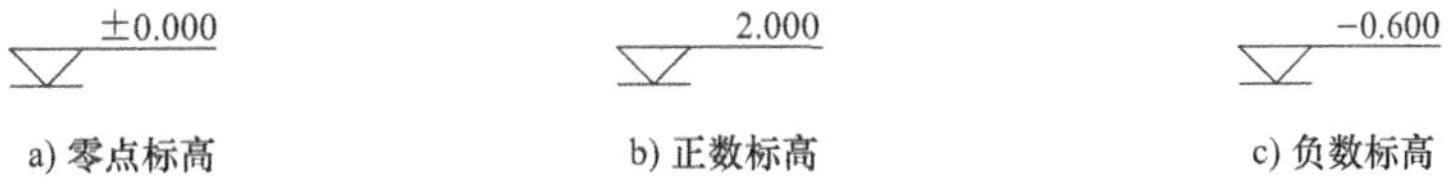

| a) 零点标高 | b) 正数标高 | c) 负数标高 |

（图 1.13.4）

1.13.5 在图样的同一位置需表示几个不同的标高时，可按以下形式注写（图 1.13.5）。

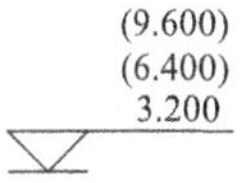

（图 1.13.5）

1.13.6 标高数字字高为 3mm（所有幅面），字体选用"宋体"。

* 关于标高进一步详细论述，详见"13. 标高设定"。

1.14 轴线符号

1.14.1 概念：轴线符号是施工定位、放线的重要依据，由定位轴线与轴号圈共同组成，平面图定位轴线的编号在水平向采用阿拉伯数字，由左向右注写。在垂直向采用大写英文字母，由下向上注写（不得使用 I、O、Z 这三个字母）（图 1.14.1）。

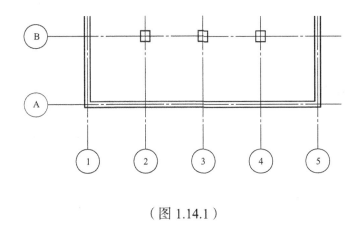

（图 1.14.1）

1.14.2 轴号圈直径分别为 ϕ10mm（A0、A1、A2 幅面）和 ϕ8mm（A3、A4 幅面）。

1.14.3 轴线符号的文字设置。

按 A0、A1、A2 幅面：字高为 4mm

按 A3、A4 幅面： 字高为 3.5mm

字体均选用"宋体"

1.14.4 方案图定位轴线为点线表示，施工图定位轴线为点划线表示，其设置尺寸见（图 1.14.4）。

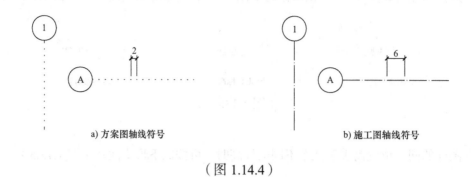

a) 方案图轴线符号   b) 施工图轴线符号

（图 1.14.4）

1.14.5 附加轴号的编号应以分数表示。两根轴线间的附加轴线，应以分母表示前一根轴线的编号，分子表示附加轴线的编号。1 号轴或 A 号轴之前附加轴线，以分母 01、0A 分别表示位于 1 号轴线或 A 号轴线之前的轴线（图 1.14.5）。

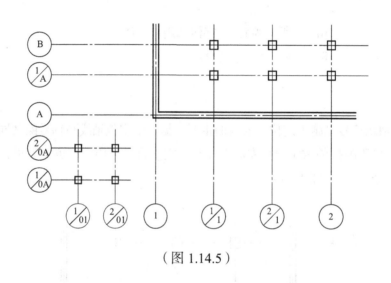

（图 1.14.5）

1.14.6 折线形平面轴线编号表示方法见（图 1.14.6）。

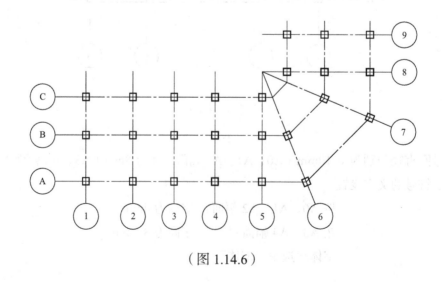

（图 1.14.6）

16

1.15　比例尺

1.15.1　概念：表示所绘制的方案图比例，可采用比例尺图示法表达，用于方案图阶段（图 1.15.1-a、图 1.15.1-b）。

1.15.2　比例尺文字高度为 6.4mm（所有幅面），字体均选用"宋体"。

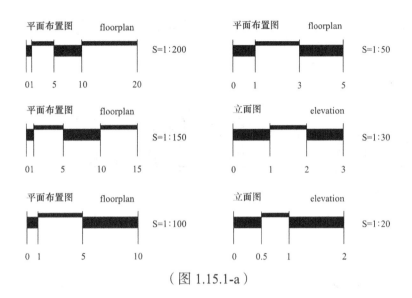

（图 1.15.1-a）

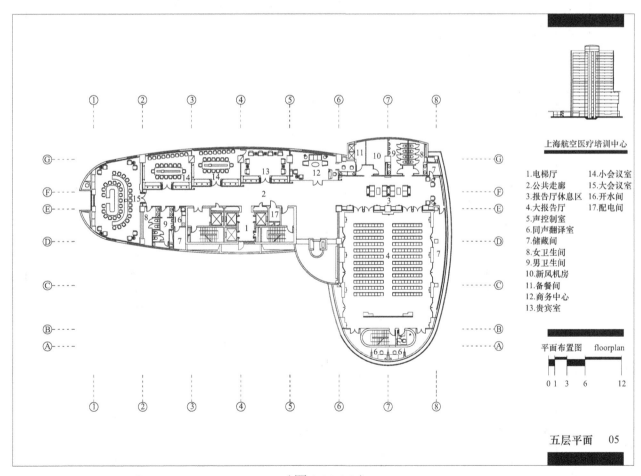

（图 1.15.1-b）

1.16 符号及文字规范一览表

表1.16

序号	符号	符号名	尺寸（A0、A1、A2）	尺寸（A3、A4）	字高（A0、A1、A2）	字高（A3、A4）	字体
1		平面剖切索引(符)号	φ14mm	φ12mm	上半圆：5mm	4mm	宋体
					下半圆：3mm	2.5mm	宋体
2		立面索引(符)号	φ14mm	φ12mm	上半圆：5mm	4mm	宋体
					下半圆：3mm	2.5mm	宋体
3		节点剖切索引(符)号	φ14mm	φ12mm	上半圆：5mm	4mm	宋体
					下半圆：3mm	2.5mm	宋体
4		大样索引(符)号	φ14mm	φ12mm	上半圆：5mm	4mm	宋体
					下半圆：3mm	2.5mm	宋体
5		立面图号	S=1:□	S=1:□	编号：9mm	8mm	宋体
					图名：6mm	5mm	黑体
					比例：4mm	3mm	宋体
6		剖立面图号	S=1:□	S=1:□	编号：9mm	8mm	宋体
					图名：6mm	5mm	黑体
					比例：4mm	3mm	宋体
7		大样图号	S=1:□	S=1:□	编号：9mm	8mm	宋体
					图名：6mm	5mm	黑体
					比例：4mm	3mm	宋体
8		断面图、节点图号	S=1:□	S=1:□	编号：9mm	8mm	宋体
					图名：6mm	5mm	黑体
					比例：4mm	3mm	宋体
9		图标符号	S=1:□	S=1:□	图名：6mm	5mm	黑体
					比例：4mm	3mm	宋体
10		材料索引(符)号	18×10mm	16×9mm	4mm	3mm	宋体
11		灯光、灯饰索引(符)号	17×8.5mm	15×7.5mm	4mm	3mm	宋体
12		家具索引(符)号			上部：5mm	3mm	宋体
						3mm	宋体

18

序号	符号	符号名	尺寸 (A0、A1、A2)	尺寸 (A3、A4)	字高 (A0、A1、A2)	字高 (A3、A4)	字体
13	※	中心对称符号		同A0、A1、A2			
14		折断线符号		同A0、A1、A2			
15		圆柱断开线符号					
16	±0.000 ▽ 3.500	标高符号		同A0、A1、A2	3mm	3mm	宋体
17		轴线符号（施工图）	φ10mm ACAD-ISO10W100（0.1笔宽）与平行尺寸线间距相等	φ8mm ACAD-ISO10W100（0.1笔宽）与平行尺寸线间距相等	4mm	3.5mm	宋体
18		轴线符号（方案）	φ10mm ACAD-ISO07W100（0.25笔宽）	φ8mm ACAD-ISO07W100（0.25笔宽）	4mm	3.5mm	宋体
19	平面布置图 floorplan 01 5 10 20	比例尺（方案）		同A0、A1、A2	4mm	6.4mm	宋体

平面 floor plan　夹层平面 mezzanine floor plan　顶面 ceiling plan　屋顶平面 roof plan　立面图 elevation　截面图 section　详图 detail

备注：
1. 图面尺寸数字用宋体，字高为2.5mm（所有隔面）。
2. 图面文字说明用宋体，字高为4mm（A0、A1、A2）、3mm（A3）。
3. 图签内标题名用黑体，字高为10mm（A0）、9mm（A1）、6mm（A2）、5mm（A3）。
4. 图签内图号名用黑体，字高为7mm（A0）、6mm（A1）、4mm（A2）、3.5mm（A3）。
5. 图签内DATE、SCALE用宋体，字高为3.5mm（A0）、3mm（A1）、2.5mm（A2）、2mm（A3）。
6. 图面内所有引出圆点出圆点"——"，直径为1mm。
7. 当英文字母单独用作代号或符号时，不得使用I、0、Z三个字母，以免同阿拉伯数字1、0及2相混淆。
8. 表示数量的数字应用阿拉伯数字及后级度量衡单位，如：三千五百毫米应写成3500mm；三百二十五吨应写成325t；五十千克每立方米应写成50kg/m³；
9. 表示分数时，不得将数字与文字混合书写，如：四分之三应写成3/4，不得写成4分之3；百分之三十五应写成35%，不得写成百分之三十五。

图面文字说明及其他

2.尺寸标注

2.1 尺寸界线、尺寸线、起止符号、尺寸数字

2.1.1 图样尺寸由尺寸界线、尺寸线、起止符号和尺寸数字组成（图 2.1.1）。

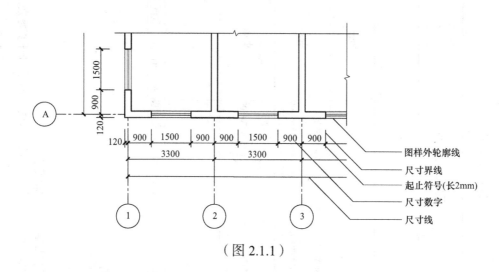

（图 2.1.1）

2.1.2 尺寸界线必须与尺寸线垂直相交。

2.1.3 尺寸线必须与被注图形平行。

2.1.4 尺寸起止符号为 45° 粗斜线，笔宽为 0.5mm，长度为 2mm。

2.1.5 尺寸数字的高度为 2.5mm，字体为"简宋"。

2.2 尺寸排列与布置

2.2.1 尺寸数字宜标注在图样轮廓线以外的正视方，不宜与图线、文字、符号等相交（图 2.2.1）。

2.2.2 尺寸数字宜标注在尺寸线读数上方的中部，如注写位置不够时，最外边的尺寸数字可注写在尺寸界线的外侧，中间的尺寸数字可上下错开注写或引出注写（图 2.2.2）。

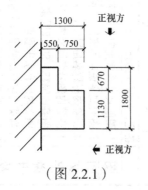

（图 2.2.1）

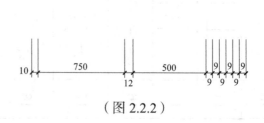

（图 2.2.2）

2.2.3 相互平行的尺寸线应从被注的图样轮廓线由内向外排列，尺寸数字标注由最小分尺寸开始，由小到大，先小尺寸和分尺寸，后大尺寸和总尺寸，层层外推（图2.2.3）。

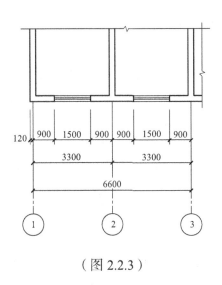

（图2.2.3）

2.2.4 任何图线应尽量避免穿过尺寸线和尺寸数字。如不可避免时，应将尺寸线和尺寸数字处的其他图线断开。

2.2.5 尺寸线和尺寸数字尽可能标注在图样轮廓线以外，如确实需要标注在图样轮廓线以内时，尺寸数字处的图线应断开。

2.2.6 平行排列的尺寸线之间的距离，宜为7~10mm，并保持一致。

2.2.7 尺寸线与被注长度平行，且应略超出尺寸界线2mm（图2.2.7）。

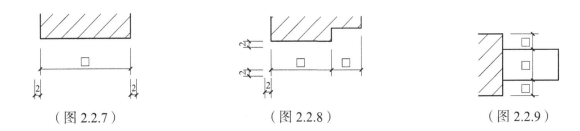

（图2.2.7）　　　　　　　　（图2.2.8）　　　　　　　　（图2.2.9）

2.2.8 尺寸界线应用细实线绘制，其一端应距图样轮廓线不小于2mm，另一端宜超出尺寸线2mm（图2.2.8）。

2.2.9 必要时，图样轮廓线也可用作尺寸界线（图2.2.9）。

2.2.10 图样上的尺寸单位，除标高以米（m）为单位外，其余均以毫米（mm）为单位。

2.3 尺寸标注深度设置

室内设计制图应在不同阶段和不同绘制比例时，均对尺寸标注的详细程度作出不同要求。

尺寸标注的深度是按制图阶段及图样比例这两方面因素来设置，具体分为 6 种尺寸标注深度设置。

2.3.1 6 种尺寸设置内容：

    a. 土建轴线尺寸：反映结构轴号之间的尺寸。

    b. 总段尺寸：反映图样总长、宽、高的尺寸。

    c. 定位尺寸：反映空间内各图样之间的定位尺寸的关系或比例。

    d. 分段尺寸：各图样内的大构图尺寸（如：立面的三段式比例尺寸关系、分割线的板块尺寸、主要可见构图轮廓线尺寸……）。

    e. 局部尺寸：局部造型的尺寸比例（如：装饰线条的总高、门套线的宽度……）。

    f. 节点细部尺寸：一般为详图上所进一步标注的细部尺寸（如：分缝线的宽度等）。

* 上述 6 类尺寸设置是按设计深度顺序由 a 至 f 的递进关系。

2.3.2 6 种设置的运用

    a 类设置：当绘制建筑装饰总平面、总平顶图，方案图时，适用 1:200、1:150、1:100 的比例。

    b 类设置：当绘制建筑装饰平面、平顶图，方案图时，适用 1:100、1:80、1:60 的比例。

    c 类设置：当绘制建筑装饰分区平面、分区平顶施工图时，适用 1:60、1:50 的比例。

    d 类设置：当绘制建筑装饰剖立面图、立面施工图时，适用 1:50、1:30 的比例。

    e 类设置：当绘制特别复杂的建筑装饰立面图或断面图时，适用 1:20、1:10 的比例。

    f 类设置：当绘制建筑装饰断面图，节点图，大样图时，适用 1:10、1:5、1:2、1:1 的比例。

* 上述设置可应具体情况由设计负责人针对某一项目进行合并或调整。

有关 a、b、c、d、e、f 各类设置所涉及建筑装饰施工图的定义及内容，详见"5. 图纸命名与相关规范"、"6. 编制顺序"。

2.4 其他尺寸标注设置

2.4.1 半径、直径、圆球

    a. 标注圆的半径尺寸时，半径数字前应加符号"R"。半径尺寸线必须从圆心画起或对准圆心（图 2.4.1-a）。

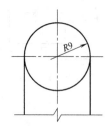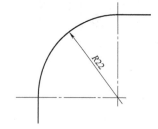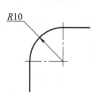

（图 2.4.1–a）

    b. 标注圆的直径尺寸时，直径数字前应加符号 φ（图 2.4.1-b）。

    c. 直径尺寸线则通过圆心或对准圆心（图 2.4.1-b）。

    d. 半径数字、直径数字仍要沿着半径尺寸线或直径尺寸线来注写。当图形较小时，注写尺寸数字及符号的位置不够时也可以引出注写（图 2.4.1-a、图 2.4.1-b）。

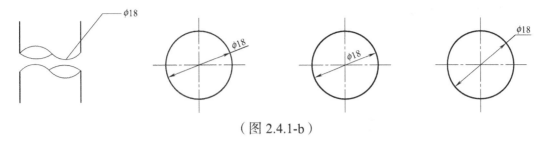

（图 2.4.1-b）

e. 标注箭头尺寸（图 2.4.1-e）。

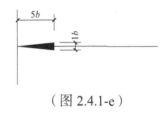

（图 2.4.1-e）

2.4.2　角度、弧长、弦长

a. 角度的尺寸线应以圆弧线表示。该圆弧的圆心应是该角的顶点，角的两个边为尺寸界线。角度的起止符号应以箭头表示，如没有足够位置画箭头，可用圆点代替。角度数字应水平方向注写（图 2.4.2-a）。

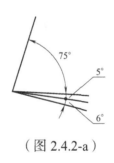

（图 2.4.2-a）

b. 标注圆弧的弧长时，尺寸线应同所示图样的圆弧为同心圆弧线表示，尺寸界线应垂直于该弧的弦，起止符号应以箭头表示，弧长数字的上方应加注圆弧符号（图 2.4.2-b）。

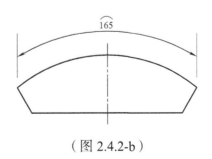

（图 2.4.2-b）

c. 标注圆弧的弦长时，尺寸线应以平行于该弦的直线表示，尺寸界线应垂直于该弦，起止符号应以中粗斜短线表示（图 2.4.2-c）。

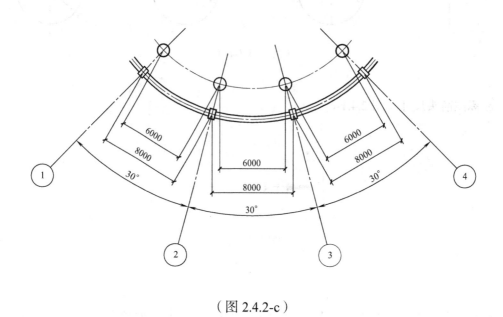

（图 2.4.2-c）

2.4.3 坡度

a. 标注坡度时，在坡度数字下，应加注坡度符号，坡度符号的箭头一般应指向下坡方向。标注坡度时应沿坡度画出指向下坡的箭头，在箭头的一侧或一端注写坡度数字，百分数、比例、小数均可（图 2.4.3-a）。

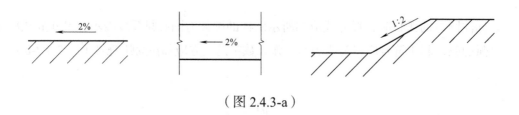

（图 2.4.3-a）

b. 坡度也可用直角三角形形式标注（图2.4.3-b）。

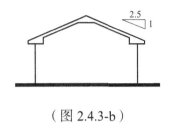

（图2.4.3-b）

c. 标注箭头尺寸同（图2.4.1-e）。

2.4.4 网格法标注

复杂的图形，可用网格形式标注尺寸（图2.4.4）。

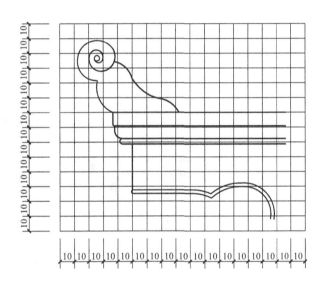

（图2.4.4）

2.5 尺寸标注逻辑秩序

2.5.1 尺寸标注深度是由图纸所属阶段内容与比例两方面决定，不同阶段内容和比例，采用不同深度段落。

例如：（1）隔墙定位图与平面装饰图属不同内容，标注尺寸的内容也因此不一（图2.5.1-a、图2.5.1-b）。

（2）室详与室施不同阶段比例，标注尺寸的内容也因此不一（图2.5.1-c）。

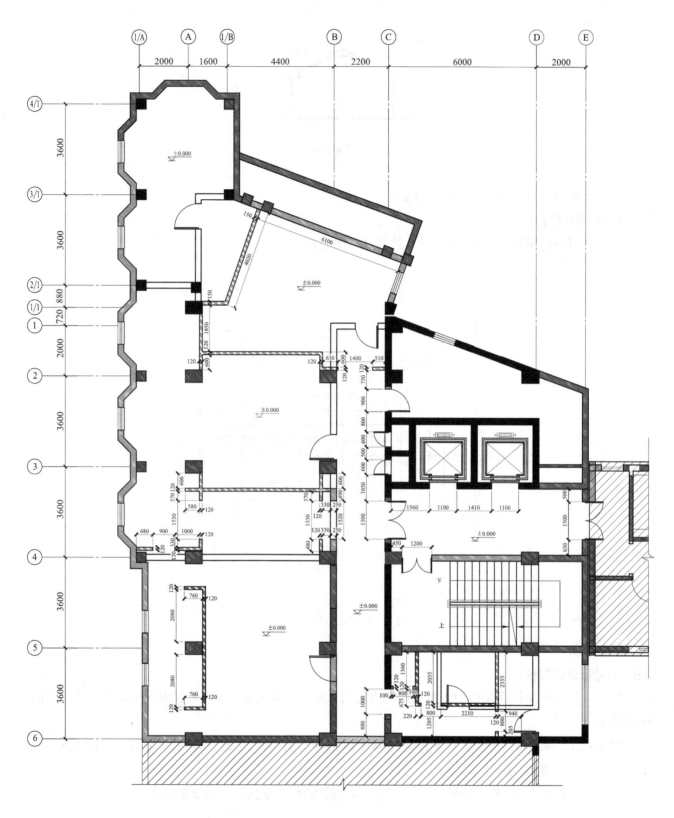

平面隔墙图

（图 2.5.1-a）

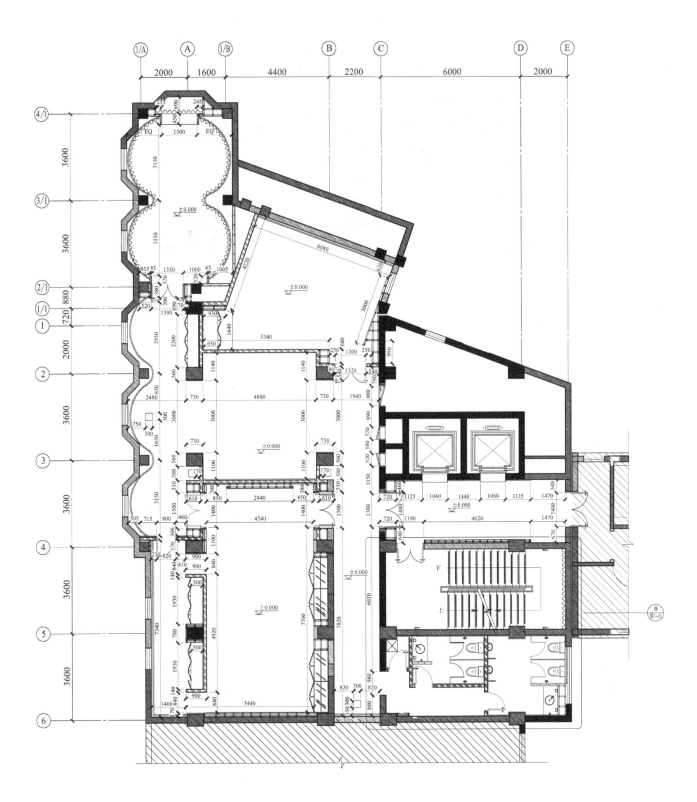

平面装修尺寸图

（图 2.5.1-b）

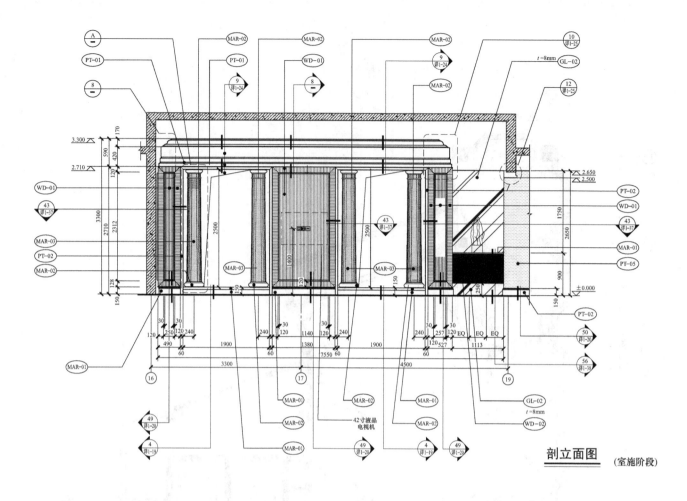

剖立面图 (室施阶段)

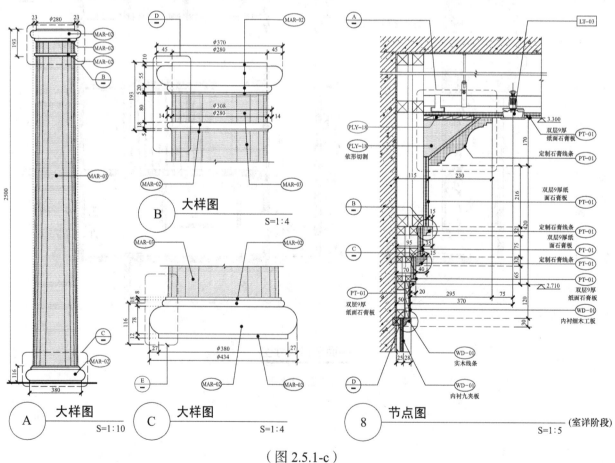

A 大样图
S=1:10

B 大样图
S=1:4

C 大样图
S=1:4

8 节点图
(室详阶段)
S=1:5

（图 2.5.1-c）

28

2.5.2 同一图面内容中，针对不同深度分别采用不同的尺寸线表示，不可混淆在同一尺寸线上（图2.5.2）。

2.5.3 尺寸标注需考虑现场偏差因素，不可将所有尺寸一一注死，有两种方法表示：

（1）标注排列原则，如：EQ等（图2.5.3）。

（2）只标注需绝对完成的尺寸段，空下可偏差段不加标注（图2.5.4）。

2.5.4 保证尺寸标注在读图过程中的清晰有序，一目了然。

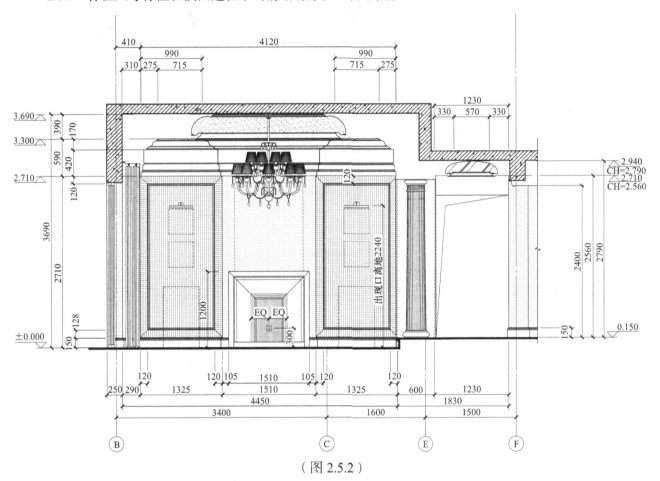

（图 2.5.2 ）

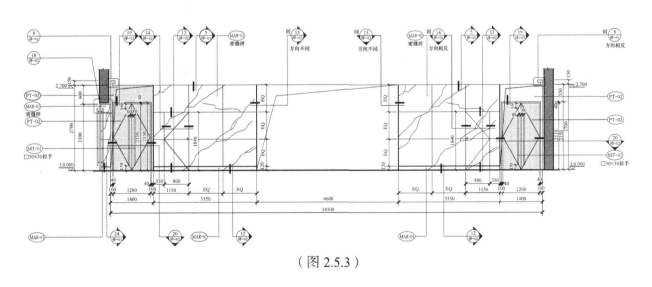

（图 2.5.3 ）

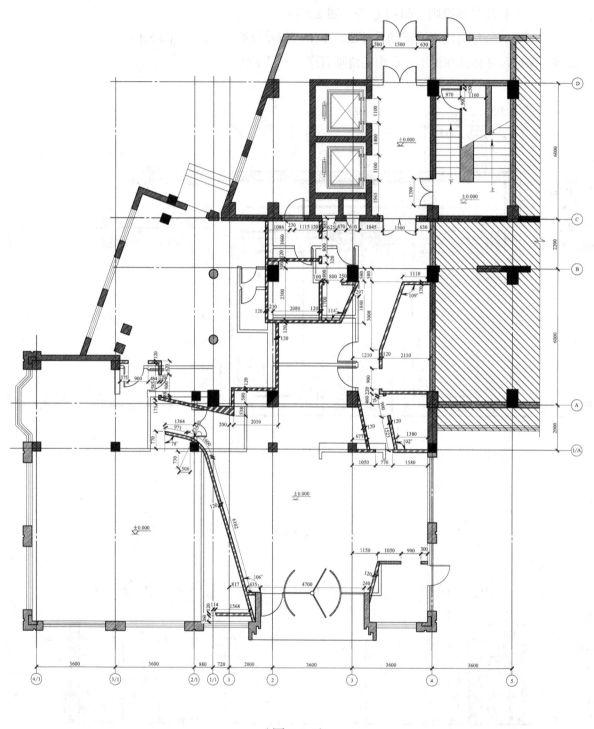

（图 2.5.4）

3. 图面比例设置

3.0.1 图样比例应为图形与实物相对应的尺寸之比。

3.0.2 比例书写以阿拉伯数表示，如 1:1　1:2　1:10　1:100 等。

3.0.3 比例设置按设计阶段、图幅大小及被绘对象的繁简程度而定。

3.0.4 比例设置应尽量选用常用比例，特殊对象也可选用可用比例（表 3.0.4）。

（表 3.0.4）

常用比例	1:1　1:2　1:5　1:10　1:20　1:30　1:50　1:100 1:150 1:200　1:500
可用比例	1:3　1:4　1:6　1:15　1:25　1:30　1:40　1:60 1:80 1:250　1:300　1:400

3.0.5 比例设定参考原则

　　a. 室内总平面图、总平顶图按选定的图幅，在 1:100 ~ 1:200 之间选取。

　　b. 详细（区域）平面，一般选用 1:30 ~ 1:50 之间的比例，结合图幅大小和复杂程度，综合选取最合适比例。

　　c. 立面、剖立面，一般宜选用与该区域平面相同比例，若图幅允许，也可将比例适度放大，以符合图幅排版的构图要求（视具体建筑平面而定）。

　　d. 大样图按所绘节点大样的实际大小而定。

　　不同阶段及制图比例可参考（表 3.0.5）。

（表 3.0.5）

1:100 1:150 1:200	方案阶段　　　总图阶段	总平面 总平顶
1:20 1:30 1:40 1:50 1:60	小型房间平面施工图（如卫生间、客房） 中小型房间平面施工图 区域平面施工图阶段 区域平面施工图阶段 区域平面施工图阶段	区域平面 区域平顶
1:50 1:40 1:30 1:25	顶标高在5m以上的剖立面施工图 顶标高在3.5m以上的剖立面施工图 顶标高在2.5m左右的剖立面或较为复杂的立面(常用比例) 顶标高在2.2m以下的剖立面或特别繁复的立面	剖立面 立面
1:15 1:10 1:5 1:4 1:2 1:1	高4m左右的立面及剖立面(如造型较为复杂的立面大样图及剖面图) 高2m左右的剖立面（如从顶到地的剖面、大型橱柜剖面等） 高1m左右的剖立面（如吧台、矮隔断、酒水柜、楼梯扶手拦板等剖立面） 50cm～60cm左右的剖面（如大型门套的剖面造型） 18cm左右的剖面大样（如踢脚、顶角线等线脚大样） 8cm左右的剖面（如凹槽、勾缝、线脚等大样节点）	放大立面 放大剖立面 节点大样

3.0.6　对于绘制详图的比例设置可依据被绘对象的实际尺寸大小而定（图 3.0.6）。

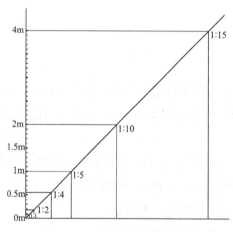

图 3.0.6　详图比例设置图

a. 1:1 比例适用于 8cm 左右的剖面（如凹槽、勾缝、线脚等大样节点，见图 3.0.6.1）。

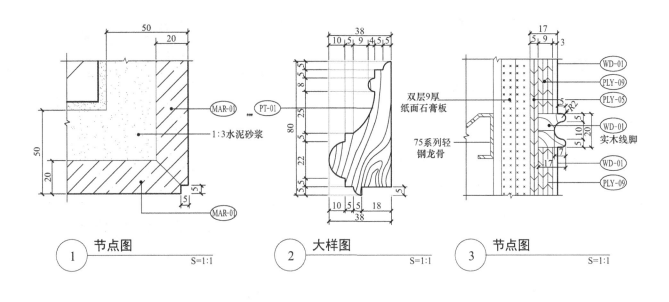

图 3.0.6.1

b. 1:2 比例适用于 18cm 左右的剖面大样（如踢脚、顶角线等线脚大样，见图 3.0.6.2）。

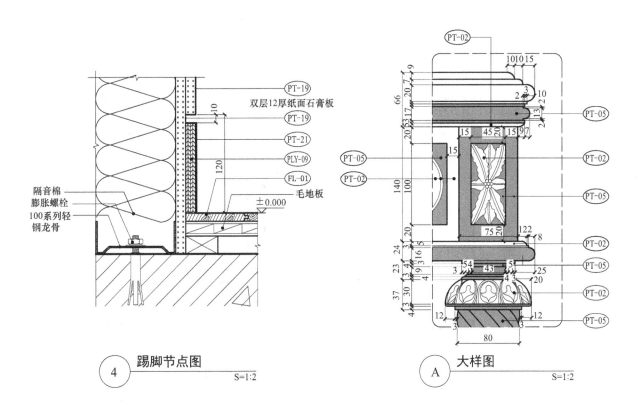

图 3.0.6.2

c. 1:4 比例适用于 50cm ~ 60cm 的剖面（如大型门套的剖面造型，见图 3.0.6.3）。

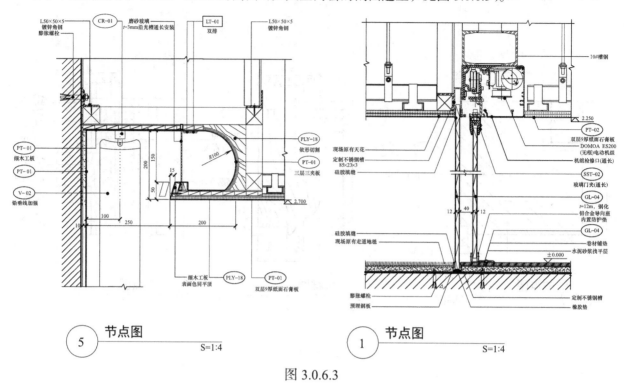

图 3.0.6.3

d. 1:5 比例适用于 1m 左右的剖立面（如吧台、矮隔断、酒水柜、楼梯扶手拦板等剖立面，见图 3.0.6.4-1，3.0.6.4-2）。

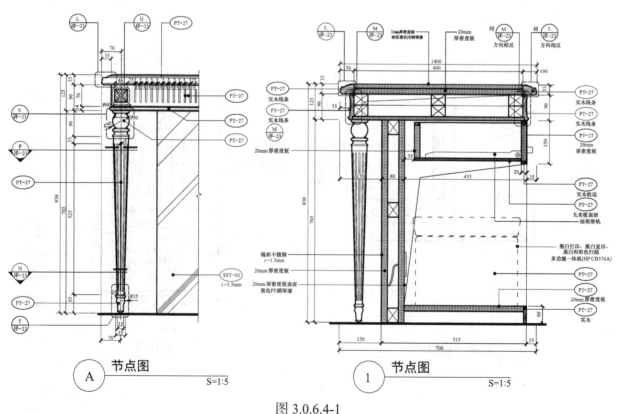

图 3.0.6.4-1

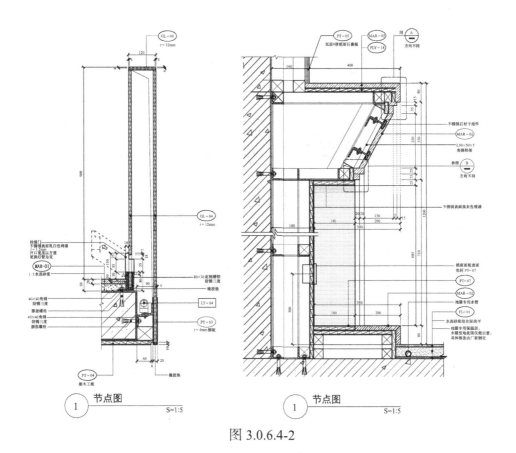

图 3.0.6.4-2

e. 1:10 比例适用于 2m 左右的剖立面（如从顶到地的剖面，大型橱柜剖面等，见图 3.0.6.5）。

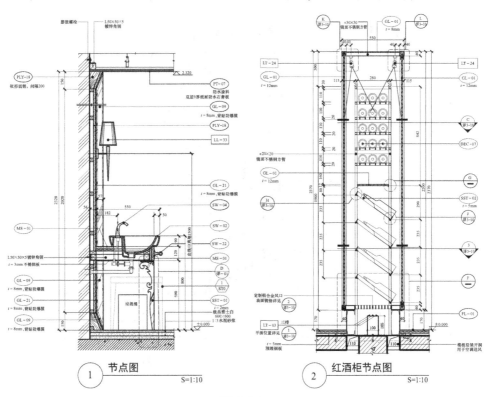

图 3.0.6.5

f. 1:15 比例适用于 4m 左右的立面及剖立面（如造型较为复杂的立面大样图及剖面图，见图 3.0.6.6-1，图 3.0.6.6-2）。

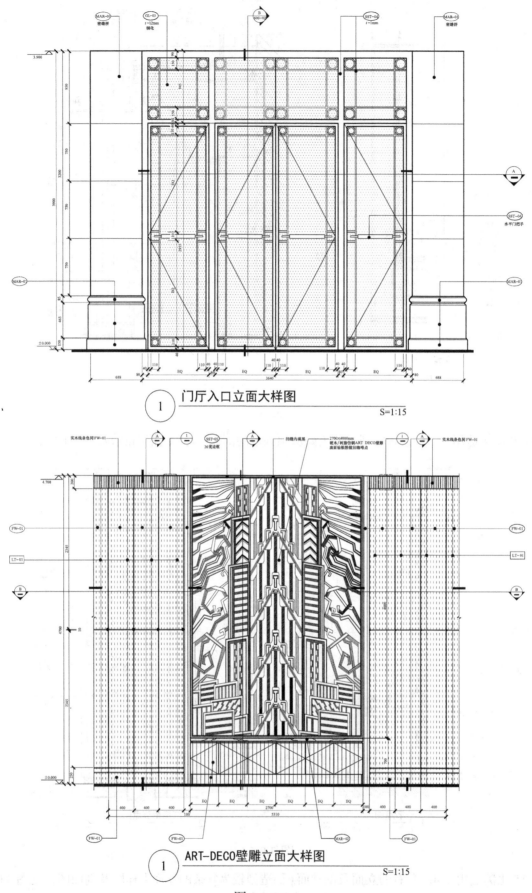

① 门厅入口立面大样图
　　　　　　　　　　S=1:15

① ART-DECO壁雕立面大样图
　　　　　　　　　　S=1:15

图 3.0.6.6-1

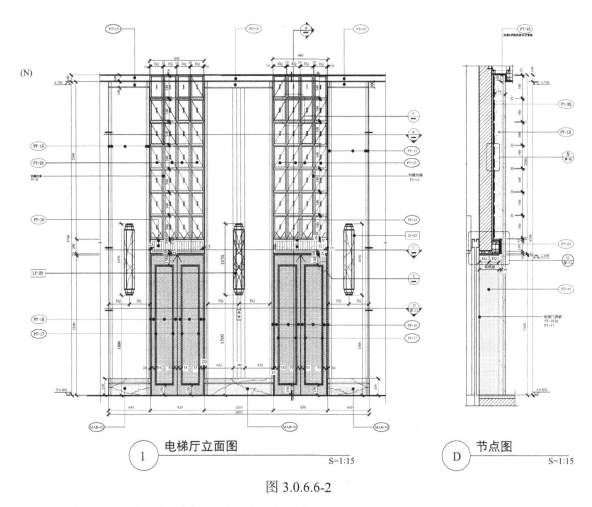

| ① | 电梯厅立面图 | S=1:15 |

| Ⓓ | 节点图 | S=1:15 |

图 3.0.6.6-2

3.0.7 由表 3.0.7 节点比例图表,可得出详图比例设置同实物图样尺寸的对应表。

（表 3.0.7）

比例	实体尺寸（mm）	浮动范围（mm）	
1:15	4000	±300	3700～4300
1:10	2000	±300	1700～2300
1:8	1500	±300	1200～1800
1:5	1000	±280	720～1280
1:4	600	±150	450～750
1:3	300	±60	240～360
1:2	180	±50	130～230
1:1	80	±40	40～120

3.0.8 具体绘制详图时,比例设置以（表 3.0.7）为近似参考。如果特别繁复或简易的图样,可参照（表 3.0.7）作出调整。

3.0.9 对节点比例所对应的尺寸,应该是该节点详图本身尺寸的界定范围,而非详图延伸部分的总体尺寸。

4. 线型及笔宽

4.1 线型

线型及用途

（表4.1）

名　称	线　型	主要用途
粗实线	——	1.平、剖面图中被剖切的主要建筑构造（包括构配件）的轮廓线 2.室内立面图的外轮廓线 3.建筑装饰构造详图中被剖切的主要部分的轮廓线
中实线	——	1.平、剖面图中被剖切的次要建筑构造（包括构配件）的轮廓线 2.室内平顶、立、剖面图中建筑构配件的轮廓线 3.建筑装饰构造详图及构配件详图中一般轮廓线
细实线	——	小于粗实线一半线宽的图形线、尺寸线、尺寸界限、图例线、索引符号、标高符号等
粗虚线	━ ━ ━ ━	灯光回路
中虚线	– – – –	1.建筑构造及建筑装饰构配件不可见的轮廓线 2.室内平面图中的上层夹层投影轮廓线 3.拟扩建的建筑轮廓线 4.室内平面、平顶图中未剖切到的主要轮廓线
细虚线	- - - - -	图例线、门扇开启线、小于粗实线一半线宽的不可见轮廓线
点划线	—— · ——	中心线、对称线、定位轴线、剖立面中门扇或其他开启线
中点划线	—— · ——	灯带
折断线	——/——	不需画全的断开界线
波浪线	∿	1.不需画全的断开界线 2.构造层次的断开线
双点划线	—— ·· ——	假想轮廓线、成型前原始轮廓线

38

4.2 室内建筑制图笔宽设置规范

4.2.1 平面、平顶图笔宽设置规范（表 4.2.1-a、表 4.2.1-b）

（表 4.2.1-a）

图别	比例	内　　容	层号	层色	线宽
平面图　　　　平顶图	1:200　　1:150　　1:100　　1:80	土建墙、柱的断面轮廓线	layer5	灰	0.45
		较突出的面饰层断面轮廓线，门扇，图表外框线	layer4	绿	0.35
		平面、平顶主要可见线，家具、洁具、设备外轮廓线，楼梯，电梯轿箱，地台线，窗间墙，轴线（点线……）	layer3	黄	0.25
		窗帘，各类索引号，引出圈	layer2	紫	0.2
		轴线（点划线 ——→），尺寸线，引出线，折断线，标高符号，各类图案填充，线脚折面线，绿化陈设，各类玻璃隔断及玻璃门，门窗开启线，拼缝线，灯具光源，风口，喷淋，烟感，扬声器	layer1	红	0.15

（表 4.2.1-b）

图别	比例	内　　容	层号	层色	线宽
平面图　　　　平顶图	1:60　　1:50　　1:30	土建墙、柱的断面轮廓线	layer7	白	0.7
		较突出的面饰层断面轮廓线，门扇	layer5	灰	0.45
		主要区域可见线，地台线，设备，桌子，柜台，隔断，图表外框线	layer4	绿	0.35
		轴线（点线……），虚线（不可见线），楼梯，扶手栏杆，电梯轿箱，窗间墙，顶棚门洞线，次要可见线，洁具、家具、较大灯具外轮廓线	layer3	黄	0.25
		地坪围边线，窗帘及轨道，花饰线，线脚，玻璃隔断，玻璃门，线形光源，各类索引号，引出圈	layer2	紫	0.2
		轴线（点划线 ———），尺寸线，引出线，折断线，标高符号，门扇开启线，拼缝线，线脚折面线，各类图案填充，窗玻璃，绿化，灯具，烟感，喷淋，音响，风口	layer1	红	0.15

* 有关平面、平顶笔宽设置规范的其他规定：

当平面、平顶图的比例设定为 1:70 时，可参照（表 4.2.1-a）。

当平面、平顶图的比例设定为 1:40 时，可参照（表 4.2.1-b）。

当绘制 1:70、1:80、1:100、1:150、1:200 的比例时，应简化家具、灯具、设备等线型较丰富的图块。

当被绘制图样为两条平行线，且图样实际间距 ≤ 15mm 时，可只绘制一条线（位于两条平行线的中间），图线采用红线。

在绘制图纸时，文字说明均使用黄色。

图表中笔宽设置所例举的内容，仅供参考。

4.2.2 剖立面、立面图笔宽设置规范（表 4.2.2-a、表 4.2.2-b）

（表 4.2.2-a）

图别	比例	内　容	层号	层色	线宽
剖立面图 立面图	1:20 1:30	土建墙、柱，结构楼板的断面剖切外轮廓线	layer6	蓝	0.6
		外饰面断面线，立面外轮廓线	layer5	灰	0.45
		（剖）立面内主要构图可见线（如：门洞、墙、柱子转折边线等）， 被剖切到的设备、家具外轮廓线， 图表外框线	layer4	绿	0.35
		（剖）立面内未剖切到的次要构图可见线（如：楼梯踏步、较大的线脚外轮廓线等）， 未剖切到的家具、灯具、设备外轮廓线， （剖）立面图号	layer3	黄	0.25
		各类索引号，引出圈，图表分格线， 陈设艺术品，小型设施， 五金配件（如：门把手，玻璃门夹，钢绳索，五金架子，闭门器，各类螺栓等）	layer2	紫	0.2
		窗帘线，勾缝线，小型装饰线脚，线脚内的折面线等， 填充图案线，花饰线，材质纹理线等， 轴线，尺寸线，引出线，门扇开启线等	layer1	红	0.15

（表 4.2.2-b）

图别	比例	内　　容	层号	层色	线宽
剖立面图 立面图	1:50	土建墙、柱，结构楼板的断面剖切外轮廓线	layer6	蓝	0.6
		外饰面断面线，立面外轮廓线	layer5	灰	0.45
		（剖）立面主要构图可见线（如：门洞、墙、柱子转折边线等）， 被剖切到的设备、家具外轮廓线， 图表外框线	layer4	绿	0.35
		（剖）立面内未被剖切到的次要构图可见线（如：楼梯踏步、较大的装饰线脚外轮廓线，踢脚、顶角等）， 主要家具、灯具、设备外轮廓线， 剖立面图号	layer3	黄	0.25
		（剖）立面内未被剖切到的，形状较小的次要可见物件外轮廓线（如：小型家具、灯饰、设施等）， 各类索引号，引出圈，图表分割线	layer2	紫	0.2
		窗帘线，勾缝线，小型装饰线脚，线脚内的折面线等， 填充图案线，花饰线，材质纹理线， 陈设艺术品， 各类五金配件（如：门把手，玻璃门夹，钢绳索，五金架子，闭门器，各类螺栓等） 轴线，尺寸线，引出线，门扇开启线等	layer1	红	0.15

* 有关剖立面、立面图笔宽设置规范的其他规定：

当剖立面、立面图的比例设定为 1:40 时，可参照（表 4.2.2-a）。

当剖立面、立面图的比例设定为 1:60 时，可参照（表 4.2.2-b）。

当绘制 1:50、1:60 的比例时，应简化家具、灯具、设备等线型较丰富的图块。

当被绘制图样为两条平行线，且图样实际间距较近时，应改变其线型或数量，例如：

a. 两条线实际间距 ≤ 5mm 时，只绘制一条线（位于原来两条线的中间），并采用红线。

b. 两条线实际间距 ≤ 10mm 时，两条均用红线。

c. 两条线实际间距 ≤ 15mm 时，两条均用紫线。

在绘制图纸时，文字说明均使用黄色。

图表中笔宽设置所例举的内容，仅供参考。

4.2.3 节点、大样、断面图笔宽设置规范（表4.2.3）

（表4.2.3）

图别	比例	内　　容	层号	层色	线宽
断面图	1:10	土建结构墙、柱，结构楼板的断面线	layer7	白	0.7
		面饰层断面外轮廓线， 大样平面、立面外轮廓线	layer5	灰	0.45
		材质分层断面线（除外轮廓线），龙骨断面线， 物体内部及大样构件可见线（如：门把手，五金吊杆，玻璃门夹，钢绳索，五金架子，闭门器，各类螺栓……）， 窗帘，水泥砂浆填充	layer3	黄	0.25
		各类索引号，引出圈	layer2	紫	0.2
		材质纹理线，勾缝线， 未剖切到的可见线（如：龙骨，角铁架，木筋），线脚折面线，粉刷线，各类辅助线， 除水泥砂浆外的填充图案线， 尺寸线，引出线，断开线，标高符号等	layer1	红	0.15
节点图 大样图	1:5 1:4 1:2 1:1	土建结构墙、柱，结构楼板的断面线	layer7	白	0.7
		面饰层断面外轮廓线， 大样平面、立面外轮廓线	layer5	灰	0.45
		材质分层断面线（除外轮廓线）， 龙骨断面线	layer4	绿	0.35
		水泥砂浆填充，大面积填充线， 材质纹理线，勾缝线， 物体内部及大样构件主要可见线（如：螺丝，灯具……）， 各类索引号，引出圈	layer2	紫	0.2
		尺寸线，引出线，断开线，标高符号等， 线脚折面线，小面积填充线，粉刷线	layer1	红	0.15

* 在绘制图纸时，文字说明均使用黄色。

图表中笔宽设置所例举的内容，仅供参考。

4.2.4 室内建筑制图笔宽设置与层号（表4.2.4）

（表4.2.4）

层号	层色		颜色号	线宽
layer7	白色		7号	0.7
layer6	蓝色		4号	0.6
layer5	灰色		9号	0.45
layer4	绿色		3号	0.35
layer3	黄色		2号	0.25
layer2	紫色		6号	0.2
layer1	红色		1号	0.15

4.2.5 室内建筑制图地坪特粗线（表4.2.5）

（表4.2.5）

名称	颜色号	线宽
(剖)立面图地坪特粗线 红色 ▬▬▬	1号	1.5

4.3 家具、灯具施工图笔宽设置规范

4.3.1 家具、灯具施工图笔宽设置规范（表4.3.1-a、表4.3.1-b）

（表4.3.1-a）

图别	图幅	内　　容	层号	层色	线宽
家具图 灯具图	A4	家具、灯具平、立面外轮廓线，面饰层断面外轮廓线	layer5	灰	0.25
		家具、灯具内部主要分割线，材质分层断面线，龙骨断面线	layer4	绿	0.15
		符号，门扇开启线，填充图案线等各类辅助线	layer1	红	0.1

（表 4.3.1-b）

图别	图幅	内　容	层号	层色	线宽
家具图 灯具图	A3	家具、灯具面饰层断面外轮廓线	layer8	深蓝	0.3
		家具、灯具平、立面外轮廓线	layer5	灰	0.25
		家具、灯具内部主要分割线，材质分层断面线，龙骨断面线	layer4	绿	0.15
		符号，尺寸线，引出线，门扇开启线，填充图案线等各类辅助线	layer1	红	0.1

* 家具、灯具施工图粘贴在室内建筑的平、立面中时，需将家具施工图中的线型设置转换成建筑平、立面中的相关线型设置，不能直接拷贝粘贴。

在绘制图纸时，文字说明均使用黄色。

4.3.2　家具、灯具施工图笔宽设置与层号（表 4.3.2）

（表 4.3.2）

层号	层色	颜色号	线宽
layer8	深蓝色	5号	0.3
layer5	灰色	9号	0.25
layer4	绿色	3号	0.15
layer1	红色	1号	0.1

4.3.3　家具、灯具施工图地坪特粗线（表 4.3.3）

（表 4.3.3）

名称	颜色号	线宽
(剖)立面图地坪、顶棚特粗线　红色	1号	1

——————————————————————————— 0.1

——————————————————————————— 0.15

——————————————————————————— 0.2

——————————————————————————— 0.25

——————————————————————————— 0.35

——————————————————————————— 0.45

——————————————————————————— 0.6

——————————————————————————— 0.7

——————————————————————————— 1.5

5. 图纸命名与相关规范

室内设计施工图的绘制原理主要是由采用对空间进行各视向剖切后所得到的正投影图（正投影原理）和部分界面的影像图共同组成。

5.1 平面图

5.1.1 概念：平面图有剖视投影图和界面图两种概念。室内剖视投影平面图，以下简称平面图，是距地（或 ±0.000 标高处）1.8m 作水平向剖切后，去掉上半部分，自上而下所得到的正投影图。室内界（平）面图，即是对某一装修界面的直接影像图，没有因剖视所形成的空间叠合和围合截面的内容表述。

5.1.2 平面图的内容范围

平面图可分为建筑原况、总平面、分平面三大类。

5.1.3 为方便施工过程中各施工阶段、各施工内容以及各专业供应方阅图的需求，可将平面图细分为各项分平面图。

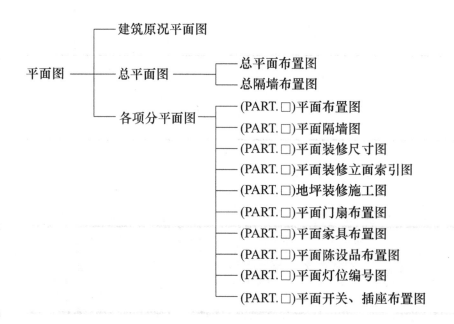

* 上述各项平面内容仅指设计所需表示的范围，当设计对象较为简易时，视具体情况可将上述某几项内容合并在同一张平面图上来表达，或是省略某项内容。掌握此分寸由项目负责人确定。

PART.□ 表示分平面区域，如 PART.A 表示在总平面中的 A 区域平面图。

5.1.4 建筑原况平面图： a. 表达出原建筑的平面结构内容，绘出隔墙位置与空间关系和竖向
构件及管井位置等，绘制深度到建施为止。

b. 表达出建筑轴号及轴线间的尺寸。

c. 表达出建筑标高。

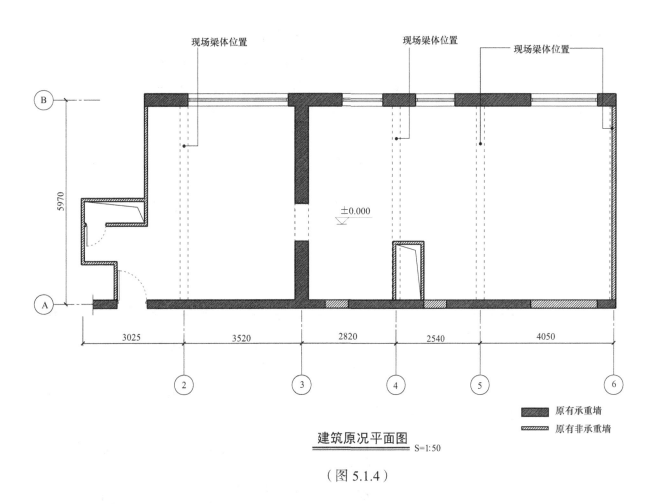

建筑原况平面图 S=1:50

（图 5.1.4）

5.1.5 总平面布置图： a. 表达出完整的平面布置内容全貌，及各区域之间的相互连接关系。

b. 表达建筑轴号及轴号间的建筑尺寸。

c. 表达各功能的区域位置及说明。说明用阿拉伯数字分区编号，并
在图中将每一编号的具体功能以文字注明。

d. 表达出装修标高关系。

e. 总图中除轴线尺寸外，无其他尺寸表达，无家具灯具编号和材料
编号。

5.1.6 总隔墙图：   a. 表达按室内设计要求重新布置的隔墙位置，以及被保留的原建筑隔墙位置。表达出承重墙与非承重墙的位置。

b. 原墙拆除以虚线表示。

c. 表达出门洞、窗洞的位置及尺寸。

d. 表达出隔墙的定位尺寸。

e. 表达出建筑轴号及轴线尺寸。

f. 表达出各地坪装修标高的关系。

5.1.7 （PART.□）平面布置图：   a. 详细表达出该部分剖切线以下的平面空间布置内容及关系。

b. 表达出隔墙、隔断、固定家具、固定构件、活动家具、窗帘。

c. 表达出该部分详细的功能内容、编号及文字注释。

d. 表达出活动家具及陈设品图例。

e. 表达出电脑、电话、灯光灯饰的图例。

f. 注明装修地坪的标高。

g. 注明本部分的建筑轴号及轴线尺寸。

h. 以虚线表达出在剖切位置线之上的，需强调的立面内容。

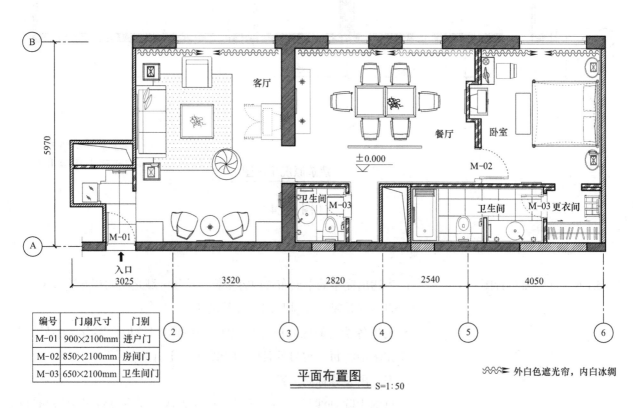

编号	门扇尺寸	门别
M-01	900×2100mm	进户门
M-02	850×2100mm	房间门
M-03	650×2100mm	卫生间门

平面布置图
S=1:50

〰️ 外白色遮光帘，内白冰绸

* 本图与平面门扇布置图合并

（图 5.1.7）

5.1.8 （PART.□）平面隔墙图： a. 表达出该部分按室内设计要求重新布置的隔墙位置，以及被
保留的原建筑隔墙位置。表达出承重墙与非承重墙的位置。

　　　　　　　　　　　　　 b. 原墙拆除以虚线表示。

　　　　　　　　　　　　　 c. 表达出隔墙材质图例及龙骨排列。

　　　　　　　　　　　　　 d. 表达出门洞、窗洞的位置及尺寸。

　　　　　　　　　　　　　 e. 表达出隔墙的详细定位尺寸。

　　　　　　　　　　　　　 f. 表达出建筑轴号及轴线尺寸。

　　　　　　　　　　　　　 g. 表达出各地坪装修标高的关系。

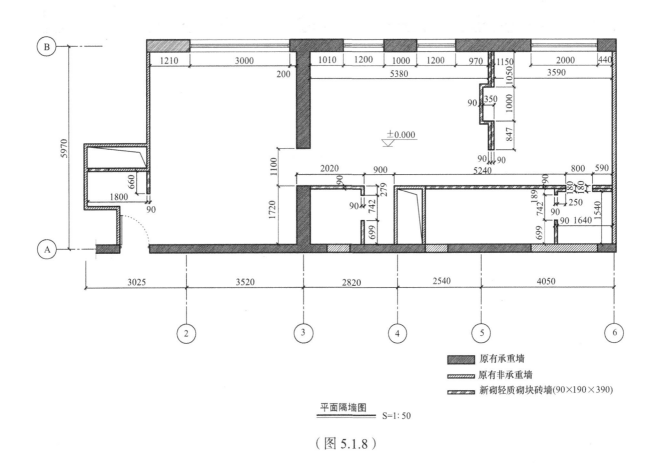

平面隔墙图　　S=1：50

（图 5.1.8）

5.1.9 （PART.□）平面装修尺寸图： a. 详细表达出该部分剖切线以下的平面空间布置内容及关系。

　　　　　　　　　　　　　 b. 表达出隔墙、隔断、固定构件、固定家具、窗帘等。

　　　　　　　　　　　　　 c. 详细表达出平面上各装修内容的详细尺寸。

　　　　　　　　　　　　　 d. 表达出地坪的标高关系。

　　　　　　　　　　　　　 e. 注明轴号及轴线尺寸。

　　　　　　　　　　　　　 f. 不表示任何活动家具、灯具、陈设品等。

　　　　　　　　　　　　　 g. 以虚线表达出在剖切位置线之上的，需强调的立面内容。

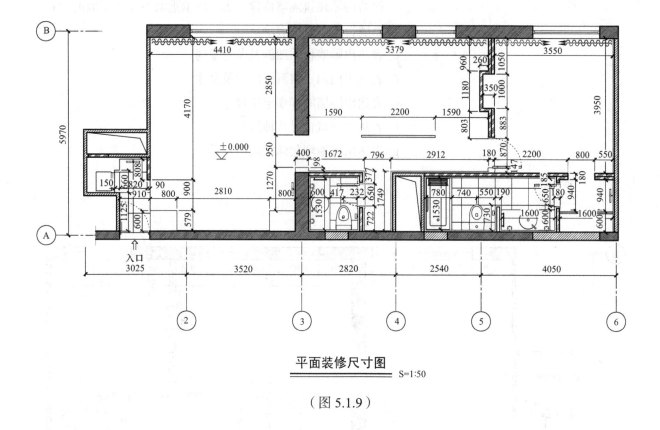

平面装修尺寸图
S=1:50

（图 5.1.9）

5.1.10 （PART. □）平面装修立面索引图：

a. 详细表达出该部分剖切线以下的平面空间布置内容及关系。

b. 表达出隔墙、隔断、固定构件、固定家具、窗帘等。

c. 详细表达出各立面、剖立面的索引号和剖切号，表达出平面中需被索引的详图号。

d. 表达出地坪的标高关系。

e. 注明轴号及轴线尺寸。

f. 不表示任何活动家具、灯具、陈设品等。

g. 以虚线表达出在剖切位置线之上的，需强调的立面内容。

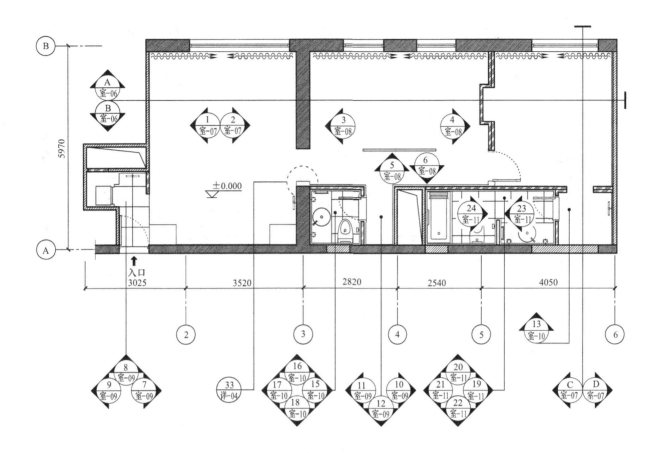

平面装修立面索引图
S=1:50

（图 5.1.10）

5.1.11 （PART. □）地坪装修施工图：

a. 表达出该部分地坪界面的空间内容及关系。

b. 表达出地坪材料的规格、材料编号及施工排版图。

c. 表达出埋地式内容（如：埋地灯、暗藏光源、地插座等）。

d. 表达出地坪相接材料的装修节点剖切索引号和地坪落差的节点剖切索引号。

e. 表达出地坪拼花或大样索引号。

f. 表达出地坪装修所需的构造节点索引。

g. 注明地坪标高关系。

h. 注明轴号及轴线尺寸。

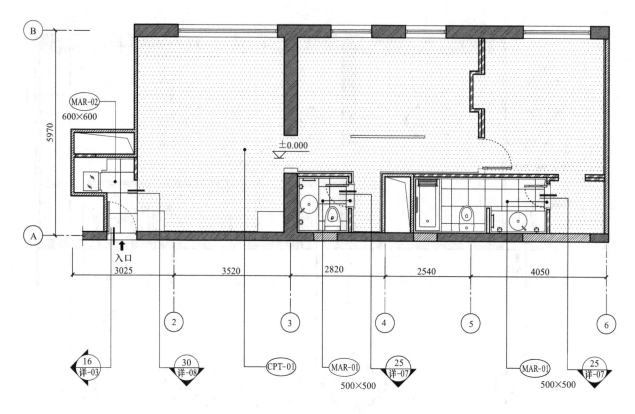

B

5970

MAR-02
600×600

±0.000

A

入口

3025   3520   2820   2540   4050

② ③ ④ ⑤ ⑥

16
详-03

30
详-08

CPT-01

MAR-01
500×500

25
详-07

MAR-01

25
详-07
500×500

* 地坪标高±0.000处，为地坪装修界面

地坪装修施工图
S=1: 50

（图 5.1.11）

5.1.12 （PART. □）平面门扇布置图：

a. 表达出该部分剖切线以下的平面空间内容及关系。

b. 表达出各类门扇的位置和分类编号，FM 后缀数字为防火门编号，M 后缀数字为普通门编号，同一类型的标注相同编号。

c. 表达出各类门扇的详图索引编号。

d. 表达出各类门扇的长 × 宽尺寸。

e. 表达出门扇的开启方式和方向。

f. 注明地坪标高关系。

g. 注明轴号及轴线尺寸。

5.1.13 （PART.□）平面家具布置图： a.表达出该部分剖切线以下的平面空间布置内容及关系。

b.表达出家具的陈设立面索引号和剖立面索引号。

c.表达出每款家具的索引号。

d.表达出每款家具实际的平面形状。

e.表达出各功能区域的编号及文字注释。

f.注明地坪标高关系。

g.注明轴号及轴线尺寸。

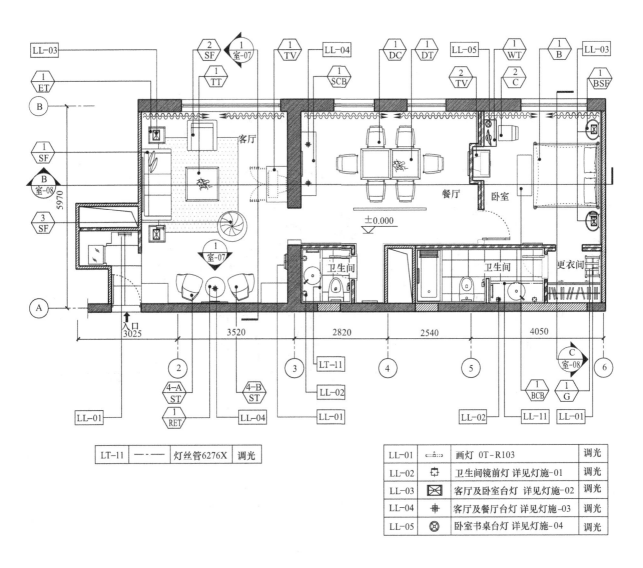

LL-01		画灯 0T-R103	调光
LL-02		卫生间镜前灯 详见灯施-01	调光
LL-03		客厅及卧室台灯 详见灯施-02	调光
LL-04		客厅及餐厅台灯 详见灯施-03	调光
LL-05		卧室书桌台灯 详见灯施-04	调光

LT-11 ——— 灯丝管6276X 调光

平面家具灯位布置图
S=1:50

* 本图与平面灯位编号图合并

（图 5.1.13）

5.1.14 （PART. □）平面陈设品布置图： a.表达出该部分剖切线以下的平面空间布置内容及关系。

b.详细表达出陈设品的位置、平面造型及图例。

c.表达出陈设品的陈设立面索引号和剖立面索引号。

d.详细表达出各陈设品的编号及尺寸。

e.表达出地坪上的陈设品内容（如工艺毯）的位置、尺寸及编号。

f.注明地坪标高关系。

g.注明轴号及轴线尺寸。

* 陈设品包括画框、雕塑、摆件、工艺品、绿化、工艺毯、插花……

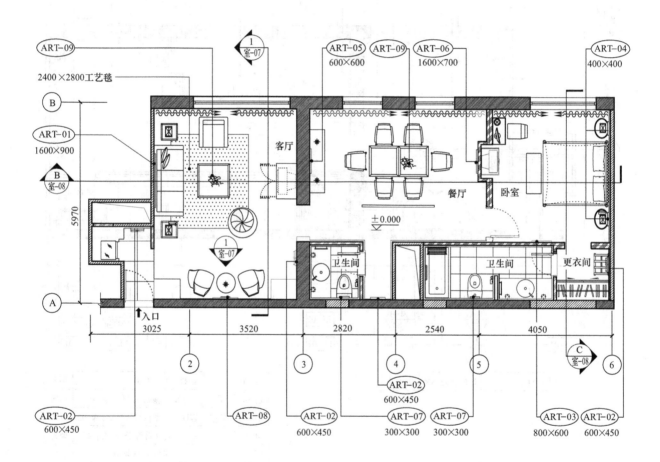

平面陈设布置图 S=1:50

（图5.1.14）

5.1.15 （PART.□）平面灯位编号图：

a. 表达出该部分剖切线以下的平面空间布置内容及关系。

b. 表达出在平面中的每一款灯光和灯饰的位置及图形。

c. 表达出立面中的各类壁灯、画灯、镜前灯的平面投影位置及图形。

d. 表达出地坪上的地埋灯及踏步灯带。

e. 表达出暗藏于平面、地面、家具及装修中的光源。

f. 表达出各类灯光、灯饰的编号。

g. 表达出各类灯光、灯饰在本图纸中的图表。

h. 图表中应包括图例、编号、型号、调光与否及光源的各项参数。

i. 注明地坪标高关系。

j. 注明轴号及轴线尺寸。

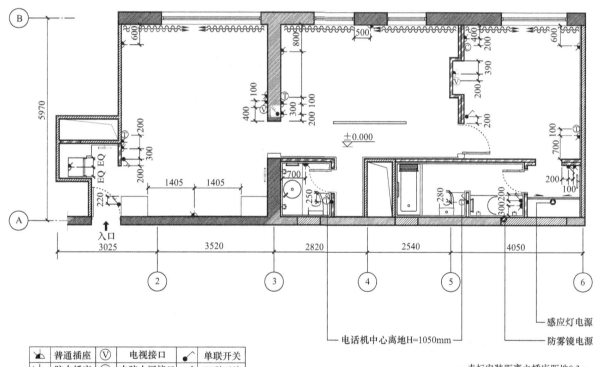

⚓	普通插座	Ⓥ	电视接口	⚡	单联开关
⚓	防水插座	Ⓒ	电脑上网接口	⚡	双联开关
Ⓣ	电话接口	⬢	其他电源	⚡	三联开关

电话机中心离地H=1050mm

感应灯电源

防雾镜电源

* 未标安装距离之插座距地0.3m
未标安装距离之开关距地1.3m
所有开关、插座颜色与墙面一致

开关、插座布置图   S=1:50

（图 5.1.16）

55

5.1.16 （PART.□）开关插座布置图（图5.1.16）：　　a.表达出该部分剖切线以下的平面空间布置内容及关系。

b.表达出各墙、地面的开关、强/弱电插座的位置及图例。

c.不表示地坪材料的排版和活动的家具、陈设品。

d.注明地坪标高关系。

e.注明轴号及轴线尺寸。

f.表达出开关、插座在本图纸中的图表注释。

5.1.17　剖切线处的断面画法：

a.依据不同的比例和设计深度，确定平面中剖切线处（1.8m）的断面表示法，详见"7.深度设置"。

b.绘制出结构承重墙与非承重墙的区别，可以用斜线填充的不同密度来形成深浅不一的灰面，以此来区别出承重结构与非承重结构。

5.1.18　比例：

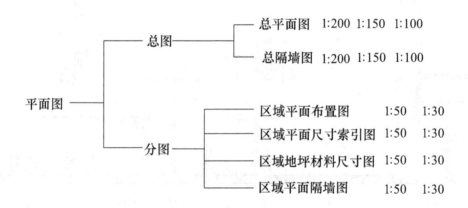

5.2　平顶图

5.2.1　概念：室内平顶图，系指向上仰视的正投影平面图，具体可分为下述两种情况：其一，顶面基本处于一个标高时，平顶图就是顶界面的平面影像图，即（顶）界面图；其二，顶面处于不同标高时，即采用水平剖切后，去掉下半部分，自下而上仰视可得到正投影图，剖切高度以充分展现顶面设计全貌的最恰当处为宜。

5.2.2　平顶图需由（最外侧）立面墙体与顶界面的交接线开始绘制，即A点至A′点的剖切位置线（图5.2.2）。

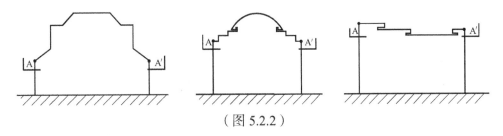

（图 5.2.2）

5.2.3 平顶图的内容范围：

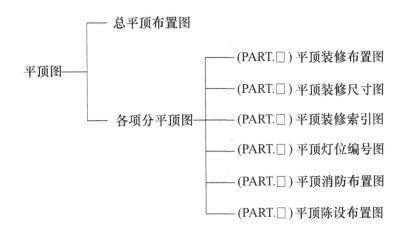

* 上述各项平顶图内容仅指设计所需表示的范围，当设计对象较为简易时，视具体情况可将上述某几项内容合并在同一张平顶图上来表达，或是省略某项内容。此掌握分寸由项目负责人确定。

5.2.4 总平顶布置图：

a.表达出剖切线以上的总体建筑与室内空间的造型及其关系。

b.表达平顶上总的灯位、装饰及其他（不注尺寸）。

c.表达出风口、烟感、温感、喷淋、广播等设备安装内容（视具体情况而定）。

d.表达各平顶的标高关系。

e.表达出门、窗洞口的位置（无门扇表达）。

f.表达出轴号及轴线尺寸。

5.2.5 （PART.□）平顶装修布置图：

a.详细表达出该部分剖切线以上的建筑与室内空间的造型及其关系。

b.表达出平顶上该部分的灯位图例及其他装饰物（不注尺寸）。

c.表达出窗帘及窗帘盒。

d.表达出门、窗洞口的位置（无门扇表达）。

e.表达出风口、烟感、温感、喷淋、广播、修口等设备安装（不注尺寸）。

f.表达出平顶的装修材料索引编号及排版。

g.表达出平顶的标高关系。

h.表达出轴号及轴线关系。

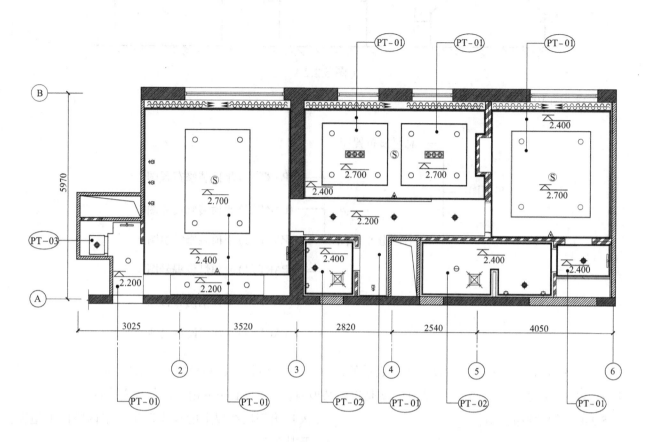

平顶装修布置图

S=1:50

（图 5.2.5）

5.2.6 （PART. □）平顶装修尺寸图：

a. 表达出该部分剖切线以上的建筑与室内空间的造型及关系。

b. 表达出详细的装修、安装尺寸。

c. 表达出平顶的灯位图例及其他装饰物并注明尺寸。

d. 表达出窗帘、窗帘盒及窗帘轨道。

e. 表达出门、窗洞口的位置。

f. 表达出风口、烟感、温感、喷淋、广播、检修口等设备安装（需标注尺寸）。

g. 表达出平顶的装修材料及排版。

h. 表达出平顶的标高关系。

i. 表达出轴号及轴线关系。

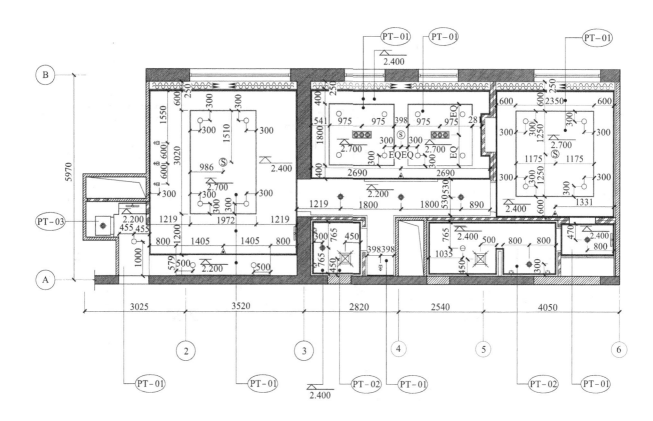

平顶装修尺寸图

S=1:50

（图 5.2.6）

5.2.7 （PART. □）平顶装修索引图：

a. 表达出该部分剖切线以上的建筑与室内空间的造型及关系。

b. 表达出平顶装修的节点剖切索引号及大样索引号。

c. 表达出平顶的灯位图例及其他装饰物（不注尺寸）。

d. 表达出窗帘及窗帘盒。

e. 表达出门、窗洞口的位置。

f. 表达出风口、烟感、温感、喷淋、广播、检修口等设备安装（不注尺寸）。

g. 表达出平顶的装修材料索引编号及排版。

h. 表达出平顶的标高关系。

i. 表达出轴号及轴线关系。

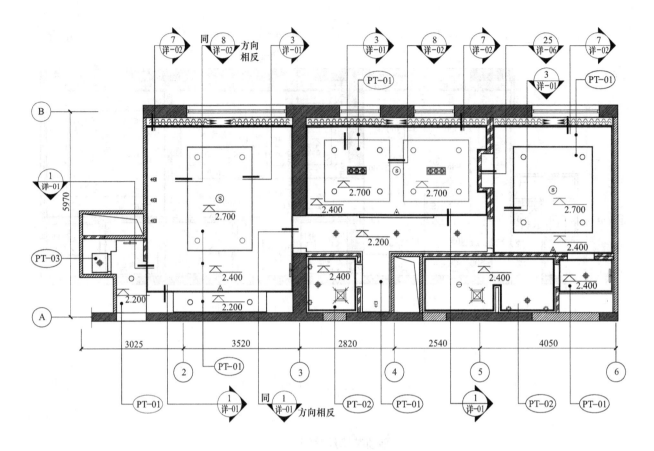

平顶装修索引图
S=1:50

（图 5.2.7）

5.2.8 （PART. □）平顶灯位编号图：

a. 表达出该部分剖切线以上的建筑与室内空间的造型及关系。

b. 表达出每一光源的位置及图例（不注尺寸）。

c. 注明平顶上每一灯光及灯饰的编号。

d. 表达出各类灯光、灯饰在本图纸中的图表。

e. 图表中应包括图例、编号、型号、是否调光及光源的各项参数。

f. 表达出窗帘及窗帘盒。

g. 表达出门、窗洞口的位置。

h. 表达出平顶的标高关系。

i. 表达出轴号及轴线尺寸。

j. 表达出需连成一体的光源设置，以弧形细虚线绘制。

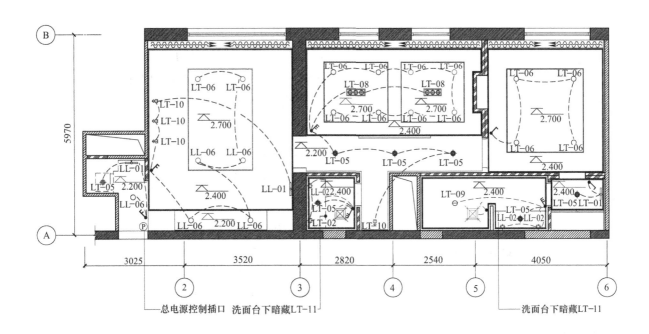

総电源控制插口 洗面台下暗藏LT-11　　　　　　　　　　　　　　洗面台下暗藏LT-11

LL-01	⊏∷∷⊐	画灯	调光
LL-02	✦	卫生间镜前灯	调光
	⊠	排风扇	

LT-05	⊕	OT139-D105 MR-16开式筒灯,12V,50W,石英卤素灯光源,配光36°	调光
LT-06	○	OT-4630 GLS暗筒灯,内置220V,40W白炽灯泡(磨砂泡)	调光
LT-08	⊞⊞⊞	OT139-D503SA MR-16格栅射灯,12V,50W,配光24°	调光
LT-09	⊖	OT-S4011A GLS防水筒灯,带磨砂玻璃灯罩,220V、60W	调光
LT-10	⊟	OT78-T454 吸顶式石英卤素射灯,12V,50W,配光12°	调光
LT-11	—·—·—	灯丝管6276X	调光

平顶灯位编号图 S=1:50

（图 5.2.8）

5.2.9 （PART.□）平顶消防布置图：

a. 表达出该部分剖切线以上的建筑与室内空间的造型及关系。

b. 表达出灯位图例及其他。

c. 表达出窗帘及窗帘盒。

d. 表达出门、窗洞口的位置。

e. 表达出消防烟感、喷淋、温感、风口、防排烟口、应急灯、指示灯、防火卷帘、挡烟垂壁等位置及图例。

f. 表达出各消防图例在本图纸上的文字注释及图例说明。

g. 表达出各消防内容的定位尺寸关系。

h. 表达出平顶的标高关系。

i. 表达出轴号及轴线尺寸。

5.2.10 （PART.□）平顶陈设布置图：

a. 表达出该部分剖切线以上的建筑与室内空间的造型及关系。

b.表达出灯位图例及其他。

c.表达出平顶中陈设品的造型、位置及具体尺寸。

d.表达出平顶中陈设品的编号及材料。

e.表达出窗帘及窗帘盒。

f.表达出门、窗洞口的位置。

g.表达出平顶的标高关系。

h.表达出轴号及轴线尺寸。

5.2.11 比例：

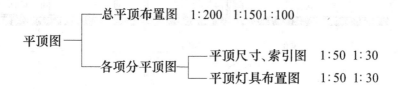

5.3 剖立面图

5.3.1 概念：室内设计中，平行于某内空间立面方向，假设有一个竖直平面从顶至地将该内空间剖切后所得到的正投影图。

位于剖切线上的物体均表达出被切的断面图形式，位于剖切线后的物体以界立面形式表示。

室内设计的剖立面图即断面加立面。

5.3.2 剖立面图的剖切位置线，应选择在内部空间较为复杂或有起伏变化的，并且最能反映空间组合特征的位置。

5.3.3 剖立面图的内容范围：

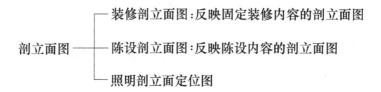

5.3.4 装修剖立面图：

a.表达出被剖切后的建筑及装修的断面形式（墙体、门洞、窗洞、抬高地坪、装修内包空间、吊顶背后的内包空间……），断面的绘制深度由所绘的比例大小而定，详见"7.3 装修断面绘制深度"。

b.表达出在投视方向未被剖切到的可见装修内容及其他。

c.表达出施工尺寸及标高。

d.表达出节点剖切索引号、大样索引号。

e.表达出装修材料索引编号及说明。

f.表达出该剖立面的轴号、轴线尺寸。

g.若没有单独的陈设剖立面，则在本图上表示出活动家具、灯具和各陈设品的立面造型（以虚线绘制主要可见轮廓线），并表示出家具、灯具、艺术品等编号。

h.表达出该剖立面的剖立面图号及标题。

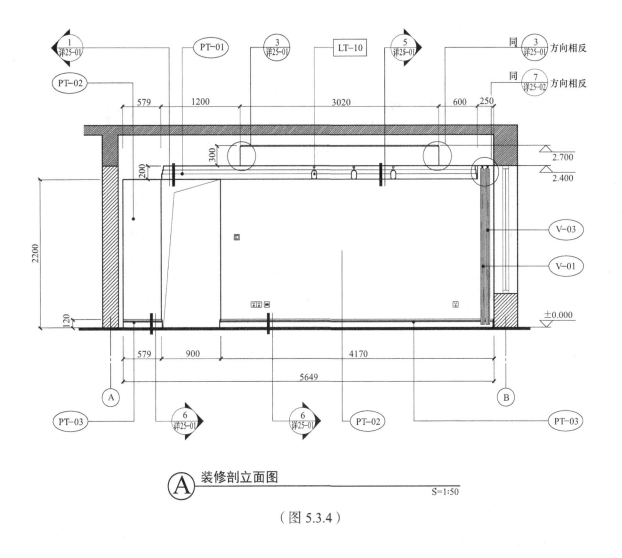

$$\overset{\textstyle A}{\bigcirc} \quad 装修剖立面图$$

S=1:50

（图 5.3.4）

5.3.5 陈设剖立面图：

a. 表达出需要绘制陈设内容的建筑装修断面形式（墙体、门洞、窗洞、抬高地坪、装修内包空间、吊顶背后的内包空间……），断面的绘制深度由所绘的比例大小而定。（图 5.3.7-c）

b. 表达出未被剖切到的可见立面及其他。

c. 表达出该剖立面的轴号。

d. 表达出家具、灯具、画框、摆件等陈设物具体的立面形状。

e. 表达出家具、灯具及其他陈设品的索引编号。

f. 表达出各家具、灯具及其他陈设品的摆放位置和定位关系或定位尺寸。

g. 表达出该剖立面的剖立面图号及标题。

h. 艺术品（画框）图例的表达需规范（图 5.3.5-b）。

i. 在装修剖立面上，陈设品需用虚线表达。（如无陈设剖立面时，需在装修剖立面上表达陈设品尺寸及其安装尺寸）。

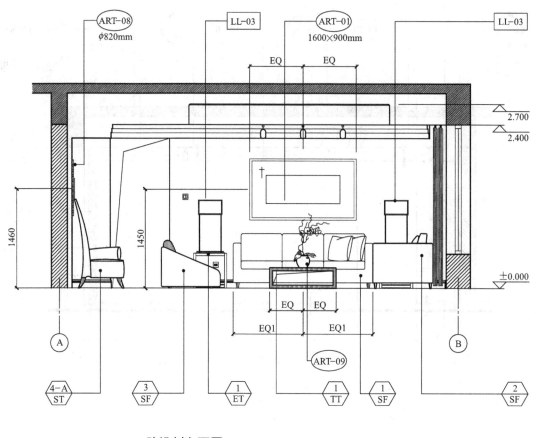

$\textstyle\bigodot_A$ 陈设剖立面图

S=1:50

（图 5.3.5-a）

无框装饰画图例

画心撑满画框图例
（7字型画框）

有衬纸画框图例
（7系装饰框内衬白色卡纸）

（图 5.3.5-b）

5.3.6 常用比例：1:30 1:50

5.3.7 照明剖立面定位图：

a.表达出被剖切部位的断面。

b.表达出灯光的投射方式及具体调角。

c.表达出灯光在剖立面中不同水平标高的照度值与范围。

d.表达出不同灯光投射的叠加方式及照度。

e.注明光源类别及各详细参数。

f.注明控照器断面尺寸及造型。

g.注明光源定位的详细尺寸。

h.表达出该剖立面图中心节点索引号、大样索引号。

i.表达出该剖立面图号及比例。

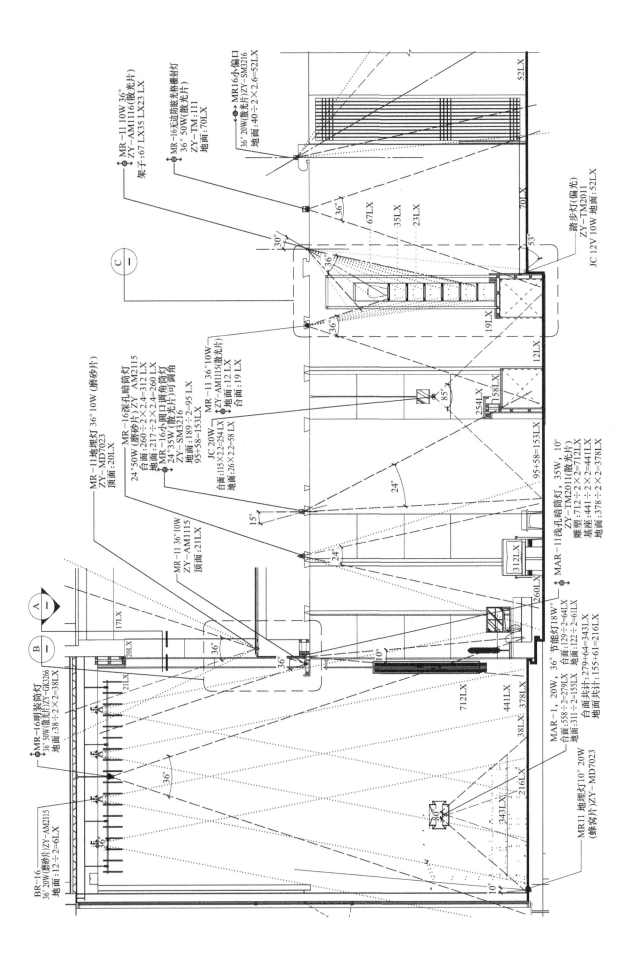

照明剖面定位图

（图 5.3.7-a）

MR-11 10W 36°(散光片)
ZY-AM1116
架子:67 LX35 LX23 LX

MR-16无边防眩光格栅射灯
36° 50W(散光片)
ZY-TM:111
地面:70LX

MR16小偏口
36° 20W(散光片)ZY-SM3216
地面:40÷2×2.6=52LX

52LX

踏步灯(偏光)
ZY-TM2011
JC 12V 10W 地面:52LX

67LX
35LX
23LX
70LX
53°

MR-11地埋灯 36°10W (磨砂片)
ZY-MD7023
顶面:20LX

MR-16深孔暗筒灯
24°50W (磨砂片)ZY-AM2115
台面:260÷2×2.4=312 LX
地面:217÷2×2.4=260 LX

MR-16小圆口调角筒灯
24°35W (散光片可调角角
ZY-SM3216
地面:189÷2=95 LX
95÷58=153LX

JC 20W
台面:115×2.2=254LX
地面:26×2.2=58 LX

MR-11 36°10W
ZY-AM1115(散光片)
地面:12 LX
台面:19 LX

MR-11 36°10W
ZY-AM1115
顶面:21LX

MAR-11浅孔暗筒灯, 35W, 10°
ZY-TM2011(散光片)
雕塑:712÷2×2=712LX
基座:441÷2×2=441LX
地面:378÷2×2=378LX

254LX
58LX
85°

95÷58=153LX

312LX

260LX

24°

24°

15°

19LX
12LX

30°
36°
36°
36°

C

MAR-1, 20W, 36° 节能灯, 10°
台面:558÷2=279LX
地面:311÷2=155LX

MR-16明装筒灯
36° 50W(散光片)ZY-GK3366
地面:38÷2×2=38LX

节能灯18W°
台面:129÷2=64LX
地面:122÷2=61LX

MR11 地埋灯10° 20W
(蜂窝片)ZY-MD7023

712LX

441LX

378LX

381LX

216LX

343LX

80°

10°

BR-16
36° 20W(磨砂片)ZY-AM2115
地面:12÷2=6LX

17LX

20LX

21LX

36°
36°
36°
36°
10°

A
B

台面共计:279+64=343LX
地面共计:155+61=216LX

65

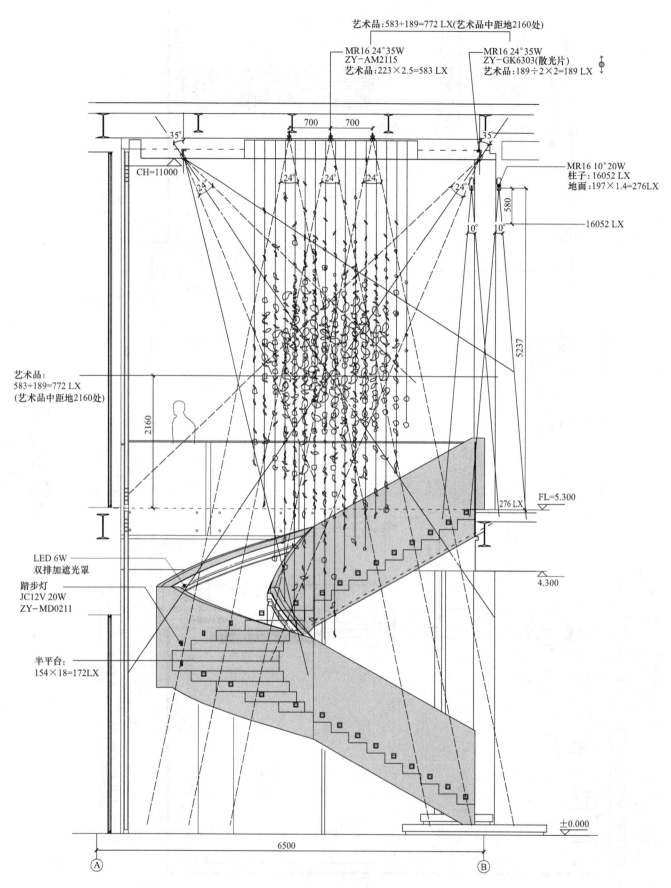

艺术品:583+189=772 LX(艺术品中距地2160处)

MR16 24°35W
ZY-AM2115
艺术品:223×2.5=583 LX

MR16 24°35W
ZY-GK6303(散光片)
艺术品:189÷2×2=189 LX

700 700

35° 35°

CH=11000

24° 24° 24° 24°

MR16 10°20W
柱子:16052 LX
地面:197×1.4=276LX

10° 10°

16052 LX

580

5237

艺术品:
583+189=772 LX
(艺术品中距地2160处)

2160

FL=5.300

276 LX

LED 6W
双排加遮光罩

4.300

踏步灯
JC12V 20W
ZY-MD0211

半平台:
154×18=172LX

±0.000

6500

Ⓐ Ⓑ

照明剖立面定位图

（图 5.3.7-b）

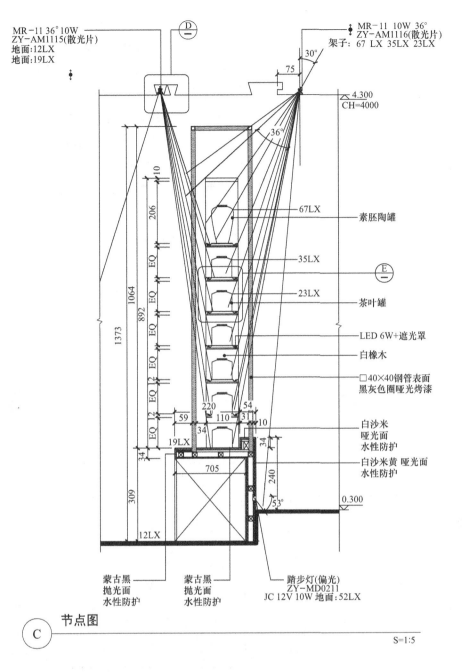

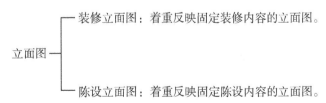

MR-11 36° 10W
ZY-AM1115(散光片)
地面:12LX
地面:19LX

MR-11 10W 36°
ZY-AM1116(散光片)
架子: 67 LX 35LX 23LX

D

30°

75

4.300
CH=4000

36°

67LX —— 素胚陶罐

35LX

E

23LX —— 茶叶罐

LED 6W+遮光罩

白橡木

□40×40钢管表面
黑灰色圈哑光烤漆

白沙米
哑光面
水性防护

白沙米黄 哑光面
水性防护

0.300

53°

蒙古黑
抛光面
水性防护

蒙古黑
抛光面
水性防护

踏步灯(偏光)
ZY-MD0211
JC 12V 10W 地面:52LX

C 节点图

S=1:5

照明剖立面定位图

（图 5.3.7-c）

5.4 立面图

5.4.1 概念：平行于某一界立面的正投影图。

立面图中不考虑因剖视所形成的空间距离叠合和围合断面体内容的表达。

5.4.2 空间中的每一段立面及转折都需绘制。

5.4.3 立面图的内容范围：

立面图 ── 装修立面图：着重反映固定装修内容的立面图。

陈设立面图：着重反映固定陈设内容的立面图。

5.4.4 装修立面图：

a. 表达出某界立面的可见装修内容及其他。

b. 表达出施工所需的尺寸及标高。

c. 表达出节点剖切索引号、大样索引号。

d. 表达出装修材料的编号及说明。

e. 表达出该立面的轴号、轴线尺寸。

f. 若没有单独的陈设立面图，则在本图上表示出活动家具、灯具和各饰品的立面造型（以虚线绘制主要可见轮廓线），并表示出这些内容的索引编号。

g. 表达出该立面的立面图号及图名。

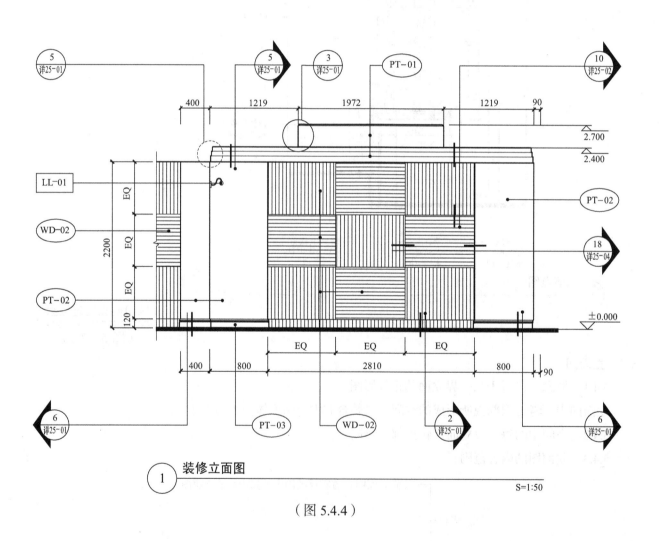

装修立面图

S=1:50

（图5.4.4）

5.4.5 陈设立面图：　　　　　　　a. 表达出某界立面的装修内容及其他。

b. 表达出标高。

c. 表达出该立面的轴号。

d. 表达出家具、灯具、画框、摆件等陈设品的具体立面形状。

e. 表达出家具、灯具及其陈设品的索引编号。

f. 表达出各家具、灯具及其陈设品摆放的位置和定位尺寸。

g. 表达出该立面的立面图号及图名。

h. 艺术品（画框）图例的表达需规范（图 5.3.5-b）。

i. 在装修剖立面上，陈设品需用虚线表达。（如无陈设立面时，需在装修剖立面上表达陈设品尺寸及其安装尺寸）

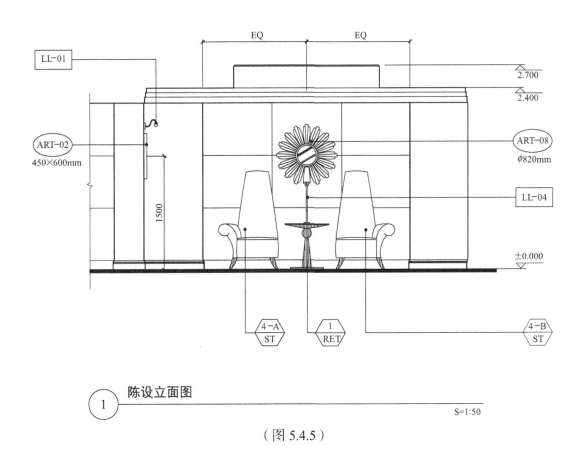

（图 5.4.5）

5.4.6 常用比例：1:30　1:50

5.5 详图

5.5.1 概念：详图系指局部详细图样，它由大样、节点和断面三部分组成。

5.5.2 详图的内容范围：

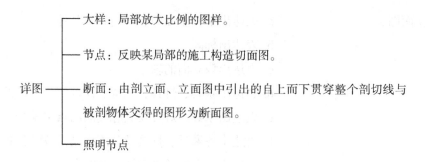

大样：局部放大比例的图样。

节点：反映某局部的施工构造切面图。

详图 —— 断面：由剖立面、立面图中引出的自上而下贯穿整个剖切线与被剖物体交得的图形为断面图。

照明节点

5.5.3 大样图：
　　　　　　a. 局部详细的大比例放样图。
　　　　　　b. 注明详细尺寸。
　　　　　　c. 注明所需的节点剖切索引号。
　　　　　　d. 注明具体的材料编号及说明。
　　　　　　e. 注明详图号及比例。

比例：1:1　1:2　1:4　1:5　1:10

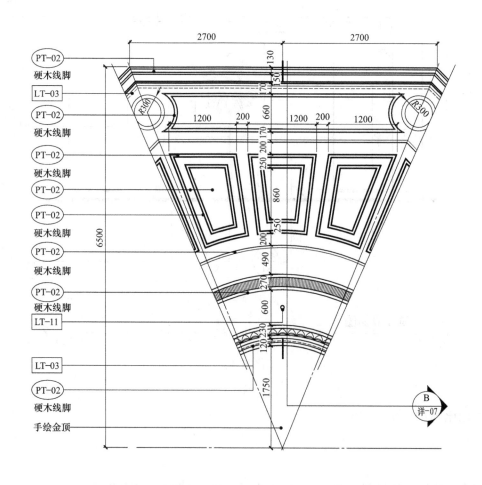

Ⓔ　餐厅顶棚大样图

S=1:10

（图 5.5.3）

5.5.4　节点：

a. 详细表达出被切截面从结构体至面饰层的施工构造连接方法及相互关系。

b. 表达出紧固件、连接件的具体图形与实际比例尺度（如膨胀螺栓等）。

c. 表达出详细的面饰层造型与材料编号及说明。

d. 表示出各断面构造内的材料图例、编号、说明及工艺要求。

e. 表达出详细的施工尺寸。

f. 注明有关施工所需的要求。

g. 表达出墙体粉刷线及墙体材质图例。

h. 注明节点详图号及比例。

比例：1:1　1:2　1:4　1:5

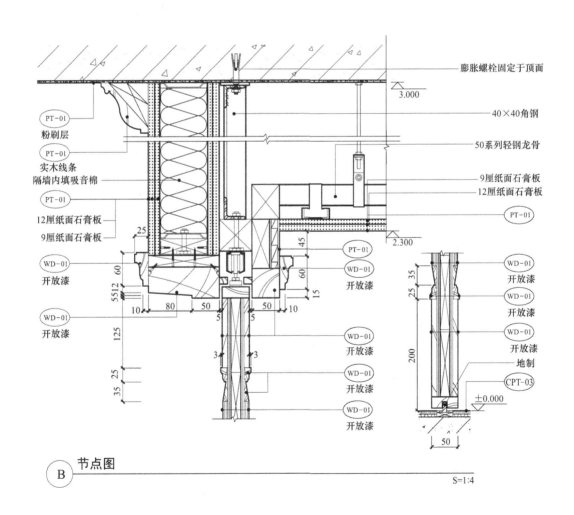

（图 5.5.4）

5.5.5 断面图：　　　　　　　　a.表达出由顶至地连贯的被剖截面造型。

b.表达出由结构体至表饰层的施工构造方法及连接关系（如断面龙骨）。

c.从断面图中引出需进一步放大表达的节点详图，并有索引编号。

d.表达出结构体、断面构造层及饰面层的材料图例、编号及说明。

e.表达出断面图所需的尺寸深度。

f.注明有关施工所需的要求。

g.注明断面图号及比例。

比例：1:10

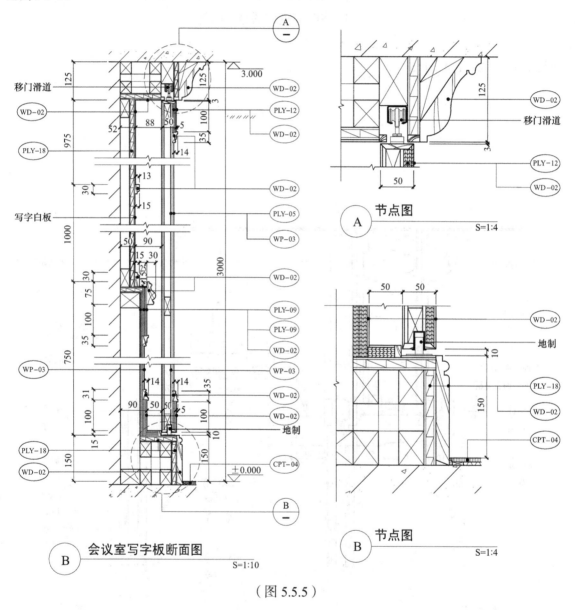

（图 5.5.5）

5.5.6 照明节点：　　　　　　　a.详细表达出该节点的构造断面。

b.详细表达出该节点中光源的具体定位。

c.详细表达出该节点光源的投射方式与投射角度。

d. 详细标注光源的类别、型号、参数。

e. 详细表达出控照器的断面造型、型号、尺寸。

f. 详细表达透光、反光、挡光的材质。

g. 表达出该节点详图号及比例。

比例：1:1 1:2 1:4 1:5

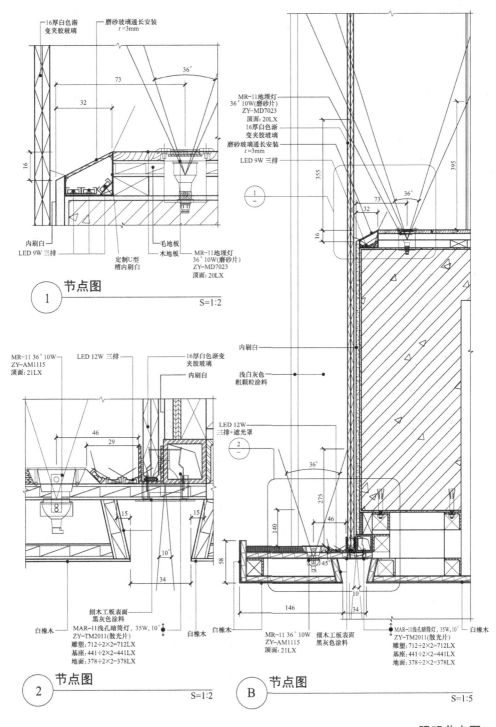

照明节点图

（图 5.5.6-a）

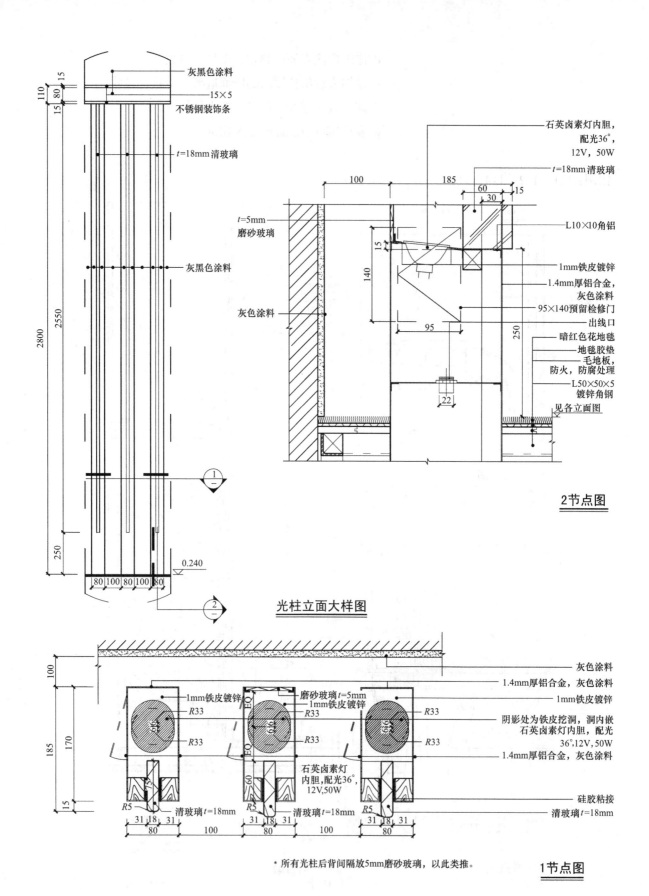

灰黑色涂料

15×5
不锈钢装饰条

t=18mm清玻璃

灰黑色涂料

石英卤素灯内胆，
配光36°，
12V，50W

t=18mm清玻璃

L10×10角铝

1mm铁皮镀锌

1.4mm厚铝合金，
灰色涂料

95×140预留检修门

出线口

暗红色花地毯
地毯胶垫
毛地板，
防火，防腐处理

L50×50×5
镀锌角钢

见各立面图

t=5mm
磨砂玻璃

灰色涂料

2节点图

光柱立面大样图

灰色涂料

1.4mm厚铝合金，灰色涂料

1mm铁皮镀锌

阴影处为铁皮挖洞，洞内嵌
石英卤素灯内胆，配光
36°,12V，50W

1.4mm厚铝合金，灰色涂料

硅胶粘接

清玻璃t=18mm

1mm铁皮镀锌
R33
R33

磨砂玻璃t=5mm
1mm铁皮镀锌
R33
R33

R33
R33

石英卤素灯
内胆，配光36°，
12V,50W

R5
清玻璃t=18mm
R5
清玻璃t=18mm
R5
清玻璃t=18mm

* 所有光柱后背间隔放5mm磨砂玻璃，以此类推。

1节点图

照明节点图

（图 5.5.6-b）

5.6 配电图

5.6.1 概念：室内配电分布图，系指室内平面图与室内平顶图相叠合为一体的合并图。用于表示空间中的照明回路、开关插座、及各类弱电接口的布置内容。因此，它不属于单纯的平顶图系列。

5.6.2 配电图：

a. 表达出该部分平顶的空间造型及布置内容，并将平面的空间造型及布置内容相叠合，组成平面、平顶合并图。

b. 表示出该部分的建筑轴号及轴线尺寸。

c. 表示出平顶图中的灯位及图例。

d. 表达出平顶图中的窗帘、窗帘盒、排风扇、风口等位置和图例。

e. 表达出平顶图中的其他电子产品。

f. 表示出明装或暗装于平面、地坪、踏步、家具及其他设施中的光源。

g. 以点线表达出平面中的家具、陈设、卫浴设施、不封顶的隔断墙和固定件等。

h. 表达出立面中各灯光灯饰的位置及图例（如壁灯、镜前灯、画灯等）。

i. 表达出平面空间中的所有电子产品（电视、冰箱、电话机等）的位置图。

j. 表达出各界面中的开关图板的位置、图例、编号（K）。

k. 表达出各界面中的插口位置、图例、编号（C）。插口具体分为强电插座、弱电接口（如网络、电话、视频、音响等）。

l. 从开关平面编号（K）中，用引出线表达出各开关的立面图例与安装高度（H=   mm）。

m. 从开关平面编号（K）中，用引出线表达出各开关的立面图例与安装高度（H=   mm）。

n. 从开关平面编号（C）中，用引出线表达各强电插座和各弱电接口的立面图例与安装高度（H=   mm）。

o. 表达出开关、插座、接口编号的图例表格。图标包括平面编号、名称、方位内容备注、平面图例、立面图例五项内容。

p. 用 0.6mm 弧形虚线连接被安排于同一回路的照明光源，并引至电源控制点（开关控制位置），或引至回路编号（当控制位置不详或不在本设计范围内时）。

q. 回路编号以○图形表示，上半部分用数字填写该回路的编号数，下半部分填写该回路所在区域的编号，分区范围的表达有两种形式：一是采用"PAT-□"的形式；二是采用英文名编写编号的形式。（如 RST-□、LBY-□、MT-□等。）见图如下：

* 提供配电图时可省略前述平面、平顶开关插座布置图

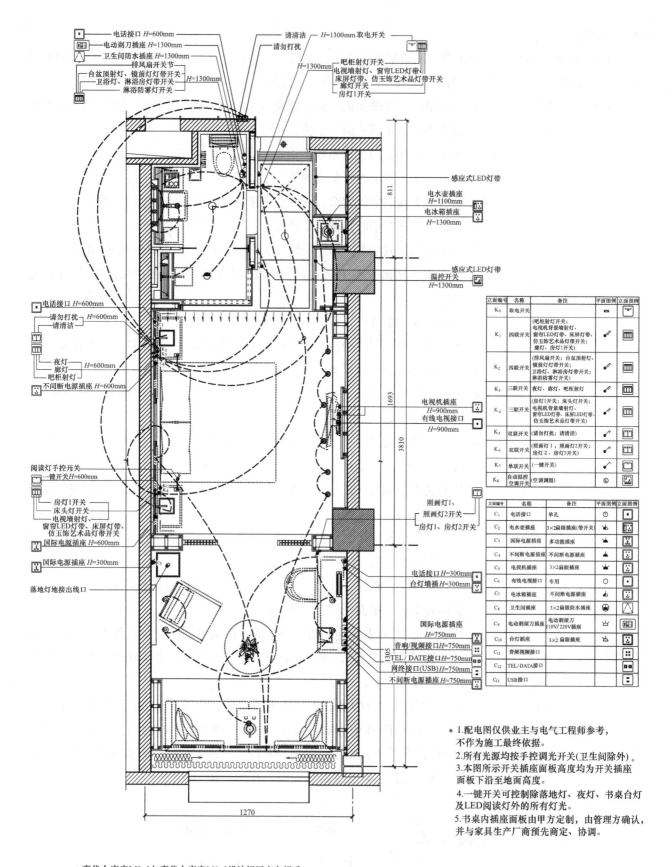

电话接口 H=600mm
电动剃刀插座 H=1300mm
卫生间防水插座 H=1300mm
排风扇开关节
台盆顶射灯、镜前灯灯带开关
卫浴灯、淋浴房灯带开关
淋浴防雾灯开关

请清洁
请勿打扰
H=1300mm取电开关

H=1300mm

吧柜射灯开关
电视墙射灯、窗帘LED灯带、
床屏灯带、仿玉饰艺术品灯带开关
廊灯开关
房灯1开关

感应式LED灯带
电水壶插座 H=1100mm
电冰箱插座 H=1300mm

感应式LED灯带
温控开关 H=1300mm

电话接口 H=600mm
请勿打扰
请清洁 H=600mm
夜灯
廊灯 H=600mm
吧柜射灯
不间断电源插座 H=600mm

电视机插座 H=900mm
有线电视接口 H=900mm

阅读灯手控开关
一键开关 H=600mm
房灯1开关
床头灯开关
电视墙射灯、
窗帘LED灯带、床屏灯带、
仿玉饰艺术品灯带开关
国际电源插座 H=600mm
国际电源插座 H=300mm
落地灯地接出线口

照画灯1、
照画灯2开关
房灯1、房灯2开关

电话接口 H=300mm
台灯墙插 H=300mm

国际电源插座 H=750mm
音响/视频接口 H=750mm
TEL/DATE接口 H=750mm
网终接口(USB) H=750mm
不间断电源插座 H=750mm

1270

立面编号	名称	备注	平面图例	立面图例
K₀	取电开关			
K₁	四联开关	(吧柜射灯开关;电视机背景墙射灯、窗帘LED灯带、床屏灯带、仿玉饰艺术品灯带开关;廊灯、房灯1开关)		
K₂	四联开关	(排风扇开关;台盆顶射灯、镜前灯灯带开关;卫浴灯、淋浴房灯带开关;淋浴防雾灯开关)		
K₃	三联开关	(夜灯、廊灯、吧柜射灯)		
K₄	三联开关	(房灯1开关、床头灯开关;电视机背景墙射灯、窗帘LED灯带、仿玉饰艺术品灯带开关)		
K₅	双联开关	(请勿打扰;请清洁)		
K₆	双联开关	(照画灯1、照画灯2开关;房灯2、房灯3开关)		
K₇	单联开关	(一键开关)		
K₈	自动温控空调开关	(空调调温)		

立面编号	名称	备注	平面图例	立面图例
C₁	电话接口	单孔		
C₂	电水壶插座	3×2扁眼插座(带开关)		
C₃	国际电源插座	多功能插座		
C₄	不间断电源插座	不间断电源插座		
C₅	电视机插座	3×2扁眼插座		
C₆	有线电视接口	专用		
C₇	电冰箱插座	不间断电源插座		
C₈	卫生间插座	3×2扁眼防水插座		
C₉	电动剃须刀插座	电动剃须刀110V/220V插座		
C₁₀	台盆插座	3×2扁眼插座		
C₁₁	音频视频接口			
C₁₂	TEL/DATA接口			
C₁₃	USB接口			

*1.配电图仅供业主与电气工程师参考,
不作为施工最终依据。
2.所有光源均按手控调光开关(卫生间除外)。
3.本图所示开关插座面板高度均为开关插座
面板下沿至地面高度。
4.一键开关可控制除落地灯、夜灯、书桌台灯
及LED阅读灯外的所有灯光。
5.书桌内插座面板由甲方定制,由管理方确认,
并与家具生产厂商预先商定、协调。

*豪华大床房LK-1与豪华大床房LK-2设计相同方向相反。
本图顶棚所用纸面石膏板均为双层。
本国标高均为装修完成面标高。

配电图

(图 5.6.2-a)

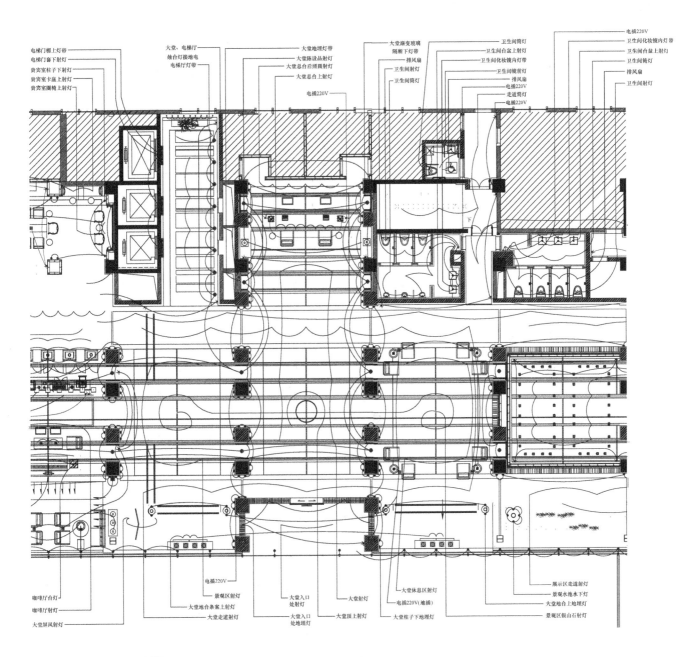

电梯门楣上灯带
电梯门套下射灯
贵宾室柱子下射灯
贵宾室卡座下射灯
贵宾室圈椅上射灯

大堂、电梯厅
烛台灯接地电
电梯厅灯带

大堂地埋灯带
大堂陈设品射灯
大堂总台后照画射灯
大堂总台上射灯

电插220V

大堂渐变玻璃
隔断下灯带
卫生间射灯
卫生间筒灯

电插220V

卫生间筒灯
卫生间台盆上射灯
卫生间镜前灯
排风扇
电插220V
走道筒灯

电插220V
卫生间化妆镜内灯带
卫生间台盆上射灯
卫生间筒灯
排风扇
卫生间射灯

咖啡厅台灯
咖啡厅射灯
大堂屏风射灯

电插220V
大堂地台条案上射灯
大堂走道射灯

景观区射灯

大堂入口
处射灯
大堂入口
处地埋灯

大堂射灯

大堂顶上射灯

大堂休息区射灯
电插220V(地插)
大堂柱子下地埋灯

展示区走道射灯
景观水池水下灯
大堂地台上地埋灯
景观区假山石射灯

| ⌐ | 二三极扁圆插座 |
| ⊟ | 地插座 |

*1.本图所提供插座只是部分内容，
　其余由管理方和电气设计师提供。

2.图中所标插座安装高度详见各立面。

3.插座表面色同其所在墙面。

4.配电图仅供参考，具体根据管理公司按需调整。

配电图

（图 5.6.2-b）

77

5.7 室内产品图

5.7.1　家具与灯饰是室内设计的重要组成内容，家具与灯饰设计图更是室内设计施工图不可或缺的制图内容，其绘制以三视图原理为基础（图5.7.1）。

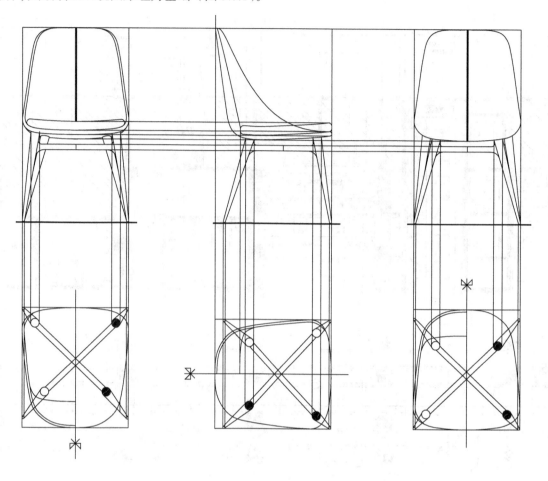

椅子三视图
S=1:10

（图5.7.1）

5.7.2　家具设计图：

a.明确家具功能分类见功能分类图表。

b.按明确的功能分类及具体设计要求，注明功能尺寸与总体尺寸。

c.以三视图原理绘制家具的平面、正立面、侧立面、背立面。

d.绘制出需要表述的剖切断面，表达大致的内部结构。

e.注明各细剖尺寸。

f.注明所有详细的用材及说明。

g.注明家具设计图号及比例。

比例：1:5　1:10

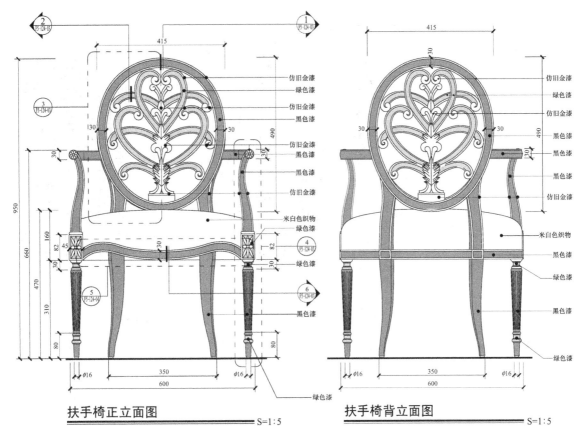

仿旧金漆
绿色漆
仿旧金漆
黑色漆

仿旧金漆
黑色漆

黑色漆
仿旧金漆

米白色织物
绿色漆

绿色漆

黑色漆

绿色漆

415
490
950
660
160
82
45
30
470
310
80
130
30
30
30
350
600
φ16
φ16

扶手椅正立面图 ———— S=1:5

仿旧金漆
绿色漆
仿旧金漆
黑色漆
黑色漆
仿旧金漆

米白色织物

黑色漆

绿色漆

黑色漆

绿色漆

415
30
490
30
30
30
350
600
φ16
φ16

扶手椅背立面图 ———— S=1:5

（图 5.7.2 椅子 -a）

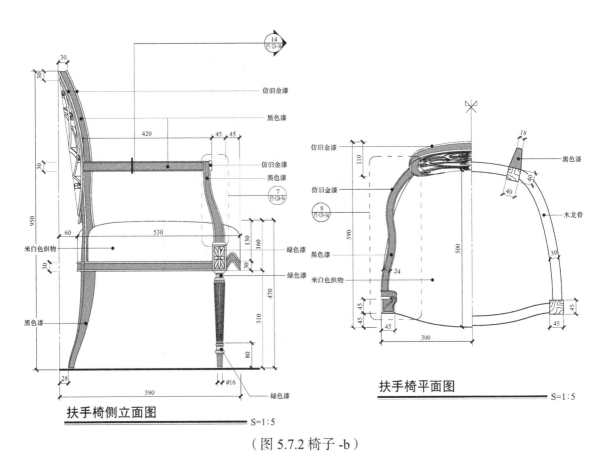

仿旧金漆

黑色漆

仿旧金漆
黑色漆

米白色织物

绿色漆
绿色漆

黑色漆

绿色漆

30
30
30
420
45 45
950
60
530
130
160
30
30
470
310
80
28
590
φ16

扶手椅侧立面图 ———— S=1:5

仿旧金漆

仿旧金漆

黑色漆
米白色织物

黑色漆

木龙骨

110
590
500
24
45
45
45
45
300
18
40
40
30
45

扶手椅平面图 ———— S=1:5

（图 5.7.2 椅子 -b）

79

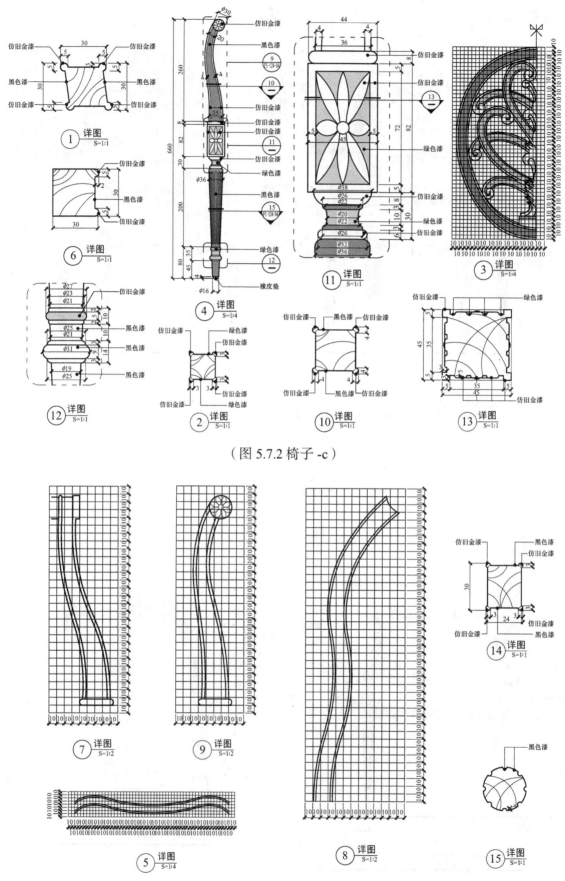

（图 5.7.2 椅子 -c）

（图 5.7.2 椅子 -d）

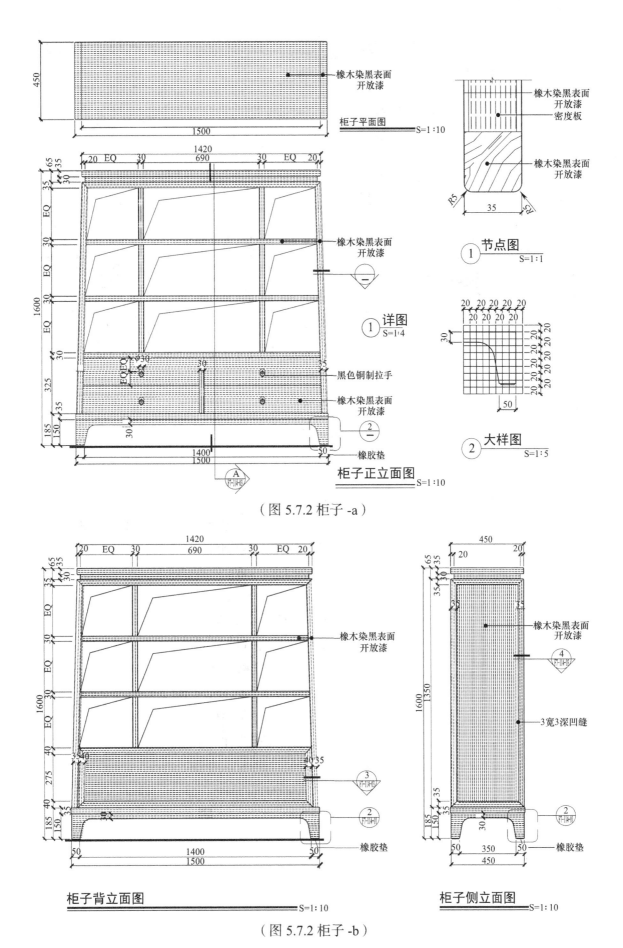

橡木染黑表面
开放漆

柜子平面图 ———— S=1:10

橡木染黑表面
开放漆
密度板

橡木染黑表面
开放漆

① 节点图 ——— S=1:1

橡木染黑表面
开放漆

① 详图 ——— S=1:4

黑色铜制拉手

橡木染黑表面
开放漆

② 大样图 ——— S=1:5

橡胶垫

柜子正立面图 ———— S=1:10

（图 5.7.2 柜子 -a）

橡木染黑表面
开放漆

橡木染黑表面
开放漆

3宽3深凹缝

橡胶垫

橡胶垫

柜子背立面图 ———— S=1:10

柜子侧立面图 ———— S=1:10

（图 5.7.2 柜子 -b）

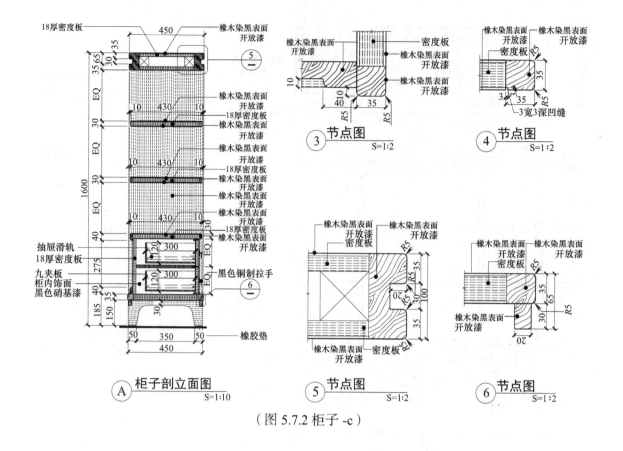

18厚密度板　450　橡木染黑表面开放漆

35 65 35 30

橡木染黑表面开放漆
18厚密度板
橡木染黑表面开放漆
橡木染黑表面开放漆
18厚密度板
橡木染黑表面开放漆
橡木染黑表面开放漆
橡木染黑表面开放漆
18厚密度板
橡木染黑表面开放漆

抽屉滑轨
18厚密度板
九夹板
柜内饰面黑色硝基漆

黑色铜制拉手

橡胶垫

1600　EQ　EQ　EQ　EQ

10　430　10
30
10　430　10
30
10　430　10
30
40　300　120
275　300　120
40 35

185 150 30

50　350　50
450

Ⓐ 柜子剖立面图　S=1:10

橡木染黑表面开放漆　密度板　橡木染黑表面开放漆　橡木染黑表面开放漆

10　40　35　R5　R5

③ 节点图　S=1:2

橡木染黑表面开放漆　橡木染黑表面开放漆　密度板　开放漆

3　3　35　35　R5　3宽3深凹缝

④ 节点图　S=1:2

橡木染黑表面开放漆　密度板　橡木染黑表面开放漆　R5　35　35　20　100　35

⑤ 节点图　S=1:2

橡木染黑表面开放漆　密度板　橡木染黑表面开放漆　R5　35　65　30　20　R5

橡木染黑表面开放漆

⑥ 节点图　S=1:2

（图5.7.2 柜子-c）

5.7.3　灯饰设计图：

a.明确灯饰类型。

b.按灯饰类型及具体运用空间，注明灯饰总体尺寸。

c.以三视图原理绘制灯饰的平面、立面、剖面。

d.绘制出灯饰所需的节点详图。

e.绘制出灯饰的支架结构。

f.详细注明所使用的光源类型、及光源参数（包括光束角、功率、接口、显色指数、色温等）。

g.注明灯饰的走线方式（如需）。

h.注明灯饰的开关位置（如需）。

i.注明灯饰的详细用材。

j.注明灯饰等控光性（如需）。

k.注明灯饰的图号及比例。

比例：1:5　1:10

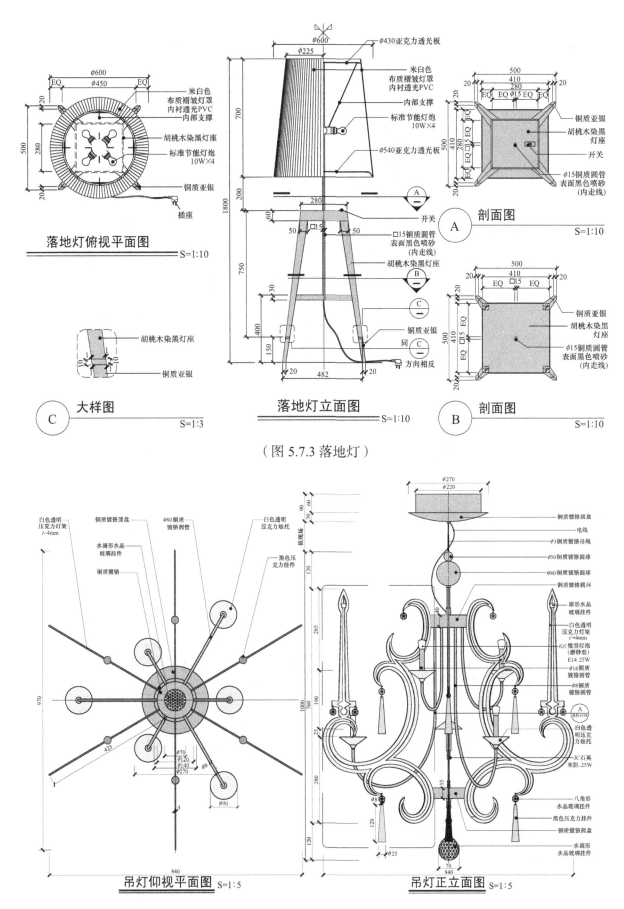

φ600
φ450
EQ EQ
20
米白色
布质褶皱灯罩
内衬透光PVC
内部支撑
500
280
胡桃木染黑灯座
标准节能灯炮
10W×4
20
铜质亚银
插座

落地灯俯视平面图 S=1:10

φ600
φ225
φ430亚克力透光板
米白色
布质褶皱灯罩
内衬透光PVC
700
内部支撑
标准节能灯炮
10W×4
φ540亚克力透光板
200
60
280
开关
A
50 □15 50
□15铜质圆管
表面黑色喷砂
(内走线)
胡桃木染黑灯座
750
30
B
铜质亚银
同
C
1800
400
150
铜质亚银
同
C
方向相反
20 482 20

落地灯立面图 S=1:10

500
410
280
20 20
EQ EQ □15 EQ EQ
20
铜质亚银
胡桃木染黑
灯座
410
EQ □15 EQ
开关
EQ EQ
20
φ15铜质圆管
表面黑色喷砂
(内走线)

A **剖面图** S=1:10

500
410
20 20
EQ □15 EQ
20
铜质亚银
胡桃木染黑
灯座
500
410
EQ □15 EQ
φ15铜质圆管
表面黑色喷砂
(内走线)
EQ
20

B **剖面图** S=1:10

胡桃木染黑灯座
铜质亚银

C **大样图** S=1:3

（图 5.7.3 落地灯）

白色透明
压克力灯架
t=4mm
铜质镀铬顶盘
φ80铜质
镀铬圆管
白色透明
压克力烛托
水滴形水晶
玻璃挂件
铜质镀铬
黑色压
克力挂件
970
425
φ70
φ120
φ140
φ270
φ8
φ90

吊灯仰视平面图 S=1:5

φ270
φ220
90 60
120
265
140
760
960
1000
25
280
120
φ8
φ8
35
120
φ25
70
840

铜质镀铬顶盘
电线
φ3铜质镀铬吊绳
φ30铜质镀铬圆球
φ80铜质镀铬圆球
铜质镀铬圆环
球形水晶
玻璃挂件
白色透明
压克力灯架
t=4mm
6×微型灯泡
(磨砂型)
E14 25W
φ16铜质
镀铬圆管
φ8铜质
镀铬圆管
A
白色透明压克
力烛托
JC石英
米胆,25W
八角形
水晶玻璃挂件
黑色压克力挂件
铜质镀铬圆盘
水滴形
水晶玻璃挂件

吊灯正立面图 S=1:5

（图 5.7.3 吊灯 -a）

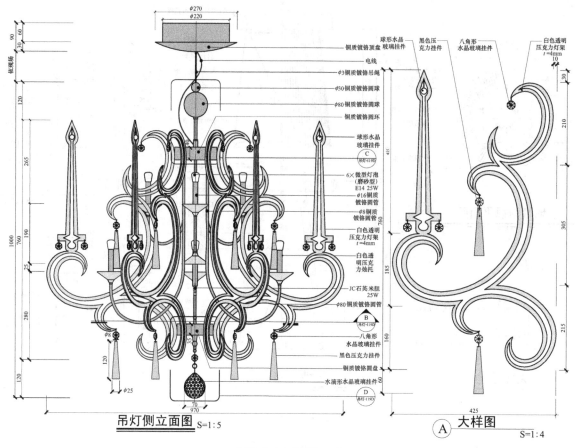

φ270
φ220
铜质镀铬顶盘
电线
φ3铜质镀铬吊绳
φ30铜质镀铬圆球
φ80铜质镀铬圆球
铜质镀铬圆环
球形水晶玻璃挂件
6×微型灯泡
(磨砂型)
E14 25W
φ16铜质镀铬圆管
φ8铜质镀铬圆管
白色透明压克力灯架
t=4mm
白色透明压克力烛托
JC石英米胆 25W
φ80铜质镀铬圆管
八角形水晶玻璃挂件
黑色压克力挂件
铜质镀铬圆盘
水滴形水晶玻璃挂件

球形水晶玻璃挂件 | 黑色压克力挂件 | 八角形水晶玻璃挂件 | 白色透明压克力灯架 t=4mm

吊灯侧立面图 S=1:5

Ⓐ 大样图 S=1:4

（图 5.7.3 吊灯 -b）

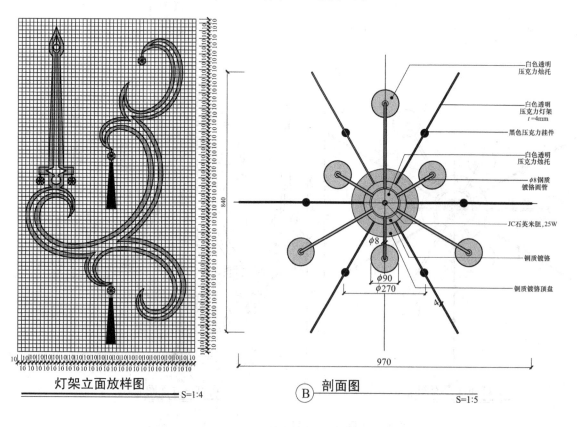

灯架立面放样图 S=1:4

Ⓑ 剖面图 S=1:5

白色透明压克力烛托
白色透明压克力灯架 t=4mm
黑色压克力挂件
白色透明压克力烛托
φ8钢质镀铬圆管
JC石英米胆, 25W
铜质镀铬
铜质镀铬顶盘

φ8
φ90
φ270
970

（图 5.7.3 吊灯 -c）

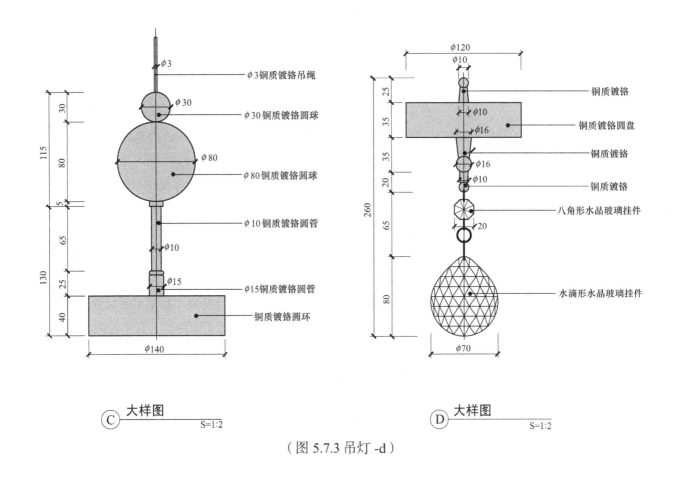

C 大样图 ——— S=1:2

D 大样图 ——— S=1:2

（图 5.7.3 吊灯 -d）

5.8 图表

5.8.1 图表范围

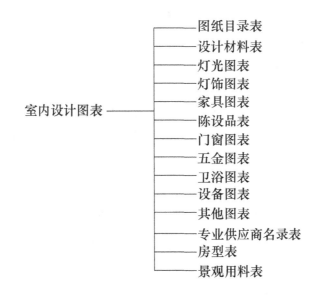

室内设计图表 ——— 图纸目录表
设计材料表
灯光图表
灯饰图表
家具图表
陈设品表
门窗图表
五金图表
卫浴图表
设备图表
其他图表
专业供应商名录表
房型表
景观用料表

5.8.2 图纸目录表（表 5.8.2）：用来反映全套图纸的排列顺序及各详细图名的目录表，其组成内容如下：

　　　　　　　　　　　　a. 注明图纸序号。

　　　　　　　　　　　　b. 注明图纸名称。

　　　　　　　　　　　　c. 注明图别图号。

　　　　　　　　　　　　d. 注明图纸幅面。

　　　　　　　　　　　　e. 注明图纸比例。

5.8.3　设计材料表（表5.8.3）：反映全套施工图设计用材的详细表格，其组成内容如下：

　　　　　　　　　　　　a. 注明材料类别。

　　　　　　　　　　　　b. 注明各材料类别的字母代号（具体代号详见材料代号表）。

　　　　　　　　　　　　c. 注明每种类别中的具体材料编号，并用椭圆形符号表示（如 WD-01 ）。

　　　　　　　　　　　　d. 注明每款材料详细的中文名称，并可以文字恰当描述其视觉和物理特征。

　　　　　　　　　　　　e. 有些产品需特注厂家型号、货号及品牌（甚至采购对象及电话）。

5.8.4　灯光图表（表5.8.4）：灯光图表是反映全套设计图中所运用的光源内容，其组成内容如下：

　　　　　　　　　　　　a. 注明各光源的平面图例。

　　　　　　　　　　　　b. 以"LT"为光源字母代号后缀数字编号。构成灯光索引编号，并以矩形为符号（如 LT-04 ）。

　　　　　　　　　　　　c. 有专业的照明描述，具体包括：光源类别、功率、色温、显色性、有效射程、配光角度、安装形式及尺寸。

　　　　　　　　　　　　d. 光源型号、货号及品牌。

　　　　　　　　　　　　e. 光源所配灯具的剖面造型或图例。

5.8.5　灯饰图表：用来反映全套设计中所需要的灯饰内容一览表，其组成内容如下：

（表5.8.5）　a. 注明灯饰的平面图例。

　　　　　　　　　　　　b. 注明灯饰的索引编号，以"LL"为光源代号，后缀数字编号（如 LL-01 ）。

　　　　　　　　　　　　c. 注明每款灯饰所设计的具体方位及灯饰品名，并注明详见几号灯施图。

　　　　　　　　　　　　d. 注明灯具类别。

　　　　　　　　　　　　e. 注明每款灯具的使用数量。

　　　　　　　　　　　　f. 表达出每款灯具的简易立面造型。

　　　　　　　　　　　　g. 若是有现成选样的灯具，则需注明品牌及型号。

5.8.6　家具图表：用来反映全套家具设计内容的一览表，其组成内容如下：

（表5.8.6）　a. 注明家具类别。

　　　　　　　　　　　　b. 注明家具类别的字母代号。

　　　　　　　　　　　　c. 注明家具的索引编号，以正六角形符号表示（如 1/SF ）。

　　　　　　　　　　　　d. 注明每款家具的名称，并注明详见几号家施图。

　　　　　　　　　　　　e. 注明每款家具的摆放位置。

　　　　　　　　　　　　f. 注明家具造型图例。

　　　　　　　　　　　　g. 注明每款家具的使用数量。

5.8.7 陈设品表：反映陈设品设计内容的一览表，其组成内容如下：

（表 5.8.7） a. 注明陈设类别。

b. 注明陈设类别的字母代号。

c. 注明索引编号。

d. 注明陈设品名称、大致尺寸和放置部位。

e. 注明每款陈设品的造型图例。

f. 注明每款陈设品的具体数量。

5.8.8 门窗图表：反映门、窗设计内容的一览表，其组成内容如下：

（表 5.8.8） a. 注明门、窗的类别。

b. 注明设计编号。

c. 注明洞口尺寸。

d. 注明门扇（窗扇）尺寸。

e. 注明该编号所在的设计位置。

f. 注明该编号的总数量。

5.8.9 五金图表：五金图表用来反映五金构件设计内容的一览表，五金构件可分为建筑五金和家具

五金两大类，其组成内容如下：

a. 注明各大类的五金类别。

b. 注明各类别中的产品代号。

c. 注明各产品代号的中文名称。

d. 注明各代号的产品品牌及编号。

e. 注明各产品所用于的位置。

f. 注明各产品的使用数量。

5.8.10 卫浴图表：卫浴图表用来反映全套设计图中所选用卫浴内容的一览表，其组成内容如下：

a. 注明各大类的卫浴类别。

b. 注明各类别中的产品代号。

c. 注明各产品代号的中文名称。

d. 注明各代号的产品品牌及编号。

e. 注明各产品所用于的位置。

f. 注明各产品的使用数量。

5.8.11 设备图表：设备内容用表按各专业规范要求。

5.8.12 专业供应商名录表：专业供应商名录表用来反映本设计中所需提供的材料商明细表及联络方

式，其组成如下：

a. 注明材料类型。

b. 注明各材料类型中的具体设计编号。

c. 注明各材料编号所对应的产品品牌、型号、规格。

d. 注明各材料型号的供应商联系方式，具体包括供应商公司全称、地

址、联系人、电话、传真等内容。

5.8.13 房型表 (酒店专用)：该表用来系统反映本设计项目中的房型房量，其组成如下：

a. 注明房型类别及各类别编码。

b. 注明各房型分布的详细位置、楼层。

c. 注明各房型的数量。

d. 注明各房型的所占总量的百分比。

e. 注明房量总数。

5.8.14 景观用料表：景观用料表用来反映与室内设计相关联的，针对小型景观所配置的苗木、观赏石材、花艺等用料配置表，其组成如下：

a. 注明景观编号。

b. 注明景观用材名称。

c. 注明各景观用材名称的具体分编号。

d. 注明大致尺寸要求。

e. 表达出景观的造型图例参照。

f. 注明各景观用材布局的详细位置。

g. 注明各景观用材的具体数量。

h. 注明在施工布置中所需备注的事项。

（表 5.8.2）

图 纸 目 录 表

序号	图纸名称	图别图号	图幅	比例	序号	图纸名称	图别图号	图幅	比例
1	图纸目录表	图表1-01	A1		34	(PART-B)中餐厅平面隔墙图	室施B-02	A1	1:50
2	设计材料表	图表2-01	A1		35	(PART-B)中餐厅平面装修尺寸图	室施B-03	A1	1:50
3	灯光图表	图表3-01	A1		36	(PART-B)中餐厅平面装修立面索引图	室施B-04	A1	1:50
4	灯饰图表	图表4-01	A1		37	(PART-B)中餐厅地坪装修施工图	室施B-05	A1	1:50
5	家具图表	图表5-01	A1		38	(PART-B)中餐厅平面家具布置图	室施B-06	A1	1:50
6	陈设品表	图表6-01	A1		39	(PART-B)中餐厅平面陈设品布置图	室施B-07	A1	1:50
7	门窗图表	图表7-01	A1		40	(PART-B)中餐厅平面开关、插座布置图	室施B-08	A1	1:50
					41	(PART-B)中餐厅平顶装修布置图	室施B-09	A1	1:50
8	建筑原况平面图	室施总-01	A1	1:100	42	(PART-B)中餐厅平顶装修尺寸图	室施B-10	A1	1:50
9	总平面布置图	室施总-02	A1	1:100	43	(PART-B)中餐厅平顶装修索引图	室施B-11	A1	1:50
10	总隔墙布置图	室施总-03	A1	1:100	44	(PART-B)中餐厅平顶灯位编号图	室施B-12	A1	1:50
11	总平顶布置图	室施总-04	A1	1:100	45	(PART-B)中餐厅平顶消防布置图	室施B-13	A1	1:50
					46	(PART-B)中餐厅A、B剖立面图	室施B-14	A1	1:30
12	(PART-A)大堂平面布置图	室施A-01	A1	1:50	47	(PART-B)中餐厅C、D剖立面图	室施B-15	A1	1:30
13	(PART-A)大堂平面隔墙图	室施A-02	A1	1:50	48	(PART-B)中餐厅E、F剖立面图	室施B-16	A1	1:30
14	(PART-A)大堂平面装修尺寸图	室施A-03	A1	1:50	49	(PART-B)中餐厅G、H剖立面图	室施B-17	A1	1:30
15	(PART-A)大堂平面装修立面索引图	室施A-04	A1	1:50	50	(PART-B)中餐厅1、2、3、4、5、6立面图	室施B-18	A1	1:30
16	(PART-A)大堂地坪装修施工图	室施A-05	A1	1:50	51	(PART-B)中餐厅7、8、9、10、11、12立面图	室施B-19	A1	1:30
17	(PART-A)大堂平面家具布置图	室施A-06	A1	1:50					
18	(PART-A)大堂平面陈设品布置图	室施A-07	A1	1:50	52	节点大样图	室详-01	A1	
19	(PART-A)大堂平面开关、插座布置图	室施A-08	A1	1:50	53	节点大样图	室详-02	A1	
20	(PART-A)大堂平顶装修布置图	室施A-09	A1	1:50	54	节点大样图	室详-03	A1	
21	(PART-A)大堂平顶装修尺寸图	室施A-10	A1	1:50	55	节点大样图	室详-04	A1	
22	(PART-A)大堂平顶装修索引图	室施A-11	A1	1:50	56	节点大样图	室详-05	A1	
23	(PART-A)大堂平顶灯位编号图	室施A-12	A1	1:50	57	节点大样图	室详-06	A1	
24	(PART-A)大堂平顶消防布置图	室施A-13	A1	1:50	58	节点大样图	室详-07	A1	
					59	节点大样图	室详-08	A1	
25	(PART-A)大堂A、B剖立面图	室施A-14	A1	1:30					
26	(PART-A)大堂C、D剖立面图	室施A-15	A1	1:30	60	消防平面布置图	水施-01	A1	1:100
27	(PART-A)大堂E、F剖立面图	室施A-16	A1	1:30	61	给排水平面布置图	水施-02	A1	1:100
28	(PART-A)大堂G、H剖立面图	室施A-17	A1	1:30	62	空调风管平面图	风施-01	A1	1:100
29	(PART-A)大堂1~7立面图	室施A-18	A1	1:30	63	空调水管平面图	风施-02	A1	1:100
30	(PART-A)大堂8~12立面图,L剖立面图	室施A-19	A1	1:30	64	消防风管平面图	风施-03	A1	1:100
31	(PART-A)大堂13、14立面图	室施A-19	A1	1:30	65	平顶照明平面图	电施-01	A1	1:100
32	(PART-A)大堂15~19立面图	室施A-20	A1	1:30	66	地面照明、插座平面图	电施-02	A1	1:100
33	(PART-B)中餐厅平面布置图	室施B-01	A1	1:50	67	空调配电平面图	电施-03	A1	1:100

（表 5.8.3）

设 计 材 料 表

材料类型	代号	编号	材料名称
木材	WD		
		WD-01	沙比利
		WD-02	有影麦哥利(6mm板品贴面)
		WD-03	胡桃木染黑(开放漆)
		WD-04	白棒
石材	MAR		
		MAR-01	白色微晶石(800×800)
		MAR-02	雅士白(极品)
		MAR-03	爵士白
		MAR-04	西班牙透光云石
		MAR-05	黑金砂
涂料	PT		
		PT-01	乳白色涂料 《CAPAROL 3D SYSTEM》:Natur-Weiβ(L93.c3.h95)
		PT-02	乳白色亚光漆，颜色同《CAPAROL 3D SYSTEM》:Natur-Weiβ(L93.c3.h95)
		PT-03	深灰色涂料 《CAPAROL 3D SYSTEM》:Schiefer-Grau(L40.C3.H260)
		PT-04	白色新达柯喷涂，颜色同《CAPAROL 3D SYSTEM》:Natur-Weiβ(L93.c3.h95)
		PT-05	灰色涂料(中餐厅墙面) 《CAPAROL 3D SYSTEM》:Jade 40(L70.c5.H110)
		PT-06	仿旧银漆(做完色板后由设计师确认)
		PT-07	金属条表面亚光烤漆，颜色同《CAPAROL 3D SYSTEM》:Jade 40(L70.c5.H110)
玻璃	GL		
		GL-01	清玻璃
		GL-02	磨砂玻璃
		GL-03	镜面
		GL-04	t=25.5mm浅绿色夹层玻璃(南方亮铝业BGC-601)
		GL-05	背漆玻璃(巨钢玻璃M-14)
不锈钢	SST		
		SST-01	拉丝不锈钢
		SST-02	镜面不锈钢
壁纸	WP		
		WP-01	迪诺瓦涂料高级石英纤维壁布 stotex classic120,上PT-01
窗帘	WC		
		WC-01	米白色电动遮光卷帘(奈博C-04)
		WC-02	电动木制百叶帘(奈博C-06)
		WC-03	银灰色金属百叶帘(奈博C-10)

材料类型	代号	编号	材料名称
布艺	V		
		V-01	白冰绸,所有白冰绸下均加铅垂线(奈博2-03)
		V-02	大堂咖啡厅灰色软包布(诚信VEN-03)
		V-03	大堂电梯厅休息座黑色皮布(诚信VEN-06)
		V-04	包房米白色软包布(奈博2-04)
地毯	CPT		
		CPT-01	六人包房米灰色地毯(东帝士MB-01)
		CPT-01	贵宾室灰绿色地毯(东帝士MB-05)
瓷砖	CEM		
		CEM-01	300×300灰色麻点地砖(亚细亚世纪石 A3010)
		CEM-02	200×280白色墙砖(亚细亚 米兰 BA2807)
		CEM-03	水蓝色98.5×98.5墙砖(长谷 GL9806)
		CEM-04	300×300猫眼石(亚细亚世纪石 P3080)
		CEM-05	300×600金属墙砖(名家 CT1101)
防火板	FW		
		FW-01	dekodur防火板(西德板) 3883
		FW-02	白色防火板(威盛亚D354-60)
		FW-03	非洲胡桃木纹防火板(威盛亚WILSONART/7122T-60)
		FW-04	银灰色金属防火板(富美家-4749)
卫浴	SW		
		SW-01	不锈钢厕纸架(金四维GU1651)
		SW-02	白色座便器(金四维G0225A.B)
		SW-03	白色碗盆(金四维G0113)
		SW-04	高杆单把单孔龙头(金四维GMB4D6)
		SW-05	白色亚克力浴缸(金四维G0115D)
		SW-06	白色小便器(金四维G501P)
石膏板	GB		
		GB-01	9mm厚纸面石膏板
		GB-02	9mm厚防水石膏板
板材	PLY		
		PLY-03	三夹板
		PLY-05	五夹板
		PLY-06	九夹板
		PLY-12	十二夹板
		PLY-18	细木工板

（表 5.8.4）

灯 光 图 表

图例	编号	照 明 描 述	品牌型号	造型图例
	LT-01	灯丝管 L=1000mm 120W 220V,可调光	OT-6277X	
	LT-02	日光灯 K=2700 L=1227mm 36W 220V,可调光	OT-3136A	
	LT-03	走珠灯带 13个/M 65W/M 24V,可调光	OT-DSL-7.5	
	LT-04	美氖灯 黄色 39W/M 220V,可调光	OT-UFL-3W	
	LT-05	冷极管 蓝色 STAND BLUE,可调光	OT-SD-28	
	LT-06	LED数码变色管 17W,可调光	OT-DTT-501	
	LT-07	PL-C 带防雾罩暗筒灯(内置节能灯管 13W)	OT-4841M	
	LT-08	GLS 暗筒灯 220V 40W 白炽灯 磨砂泡,可调光	OT-4630	
	LT-09	QT-12筒灯(偏光灯) 100W 12V,可调光	OT-1917SWW	
	LT-10	MR-16/50W 可调角暗筒灯(深孔) 10° 12V,可调光	OT-0915Y	
	LT-11	MR-16/50W 暗筒灯(浅孔) 36° 12V,可调光	OT-1802N	
	LT-12	MR-16/50W 暗筒灯 36° 12V(深孔),可调光	OT-1915Y	
	LT-13	PAR-56暗筒灯 300W 配光40°,可调光	OT-1904R	
	LT-14	加长型吸顶式射灯 12V 50W 配光38° 石英卤素光源,可调光	OT-8582N	
	LT-15	吸顶式聚光射灯 12V 50W 配光24° 石英卤素光源,可调光	OT-8583N	
	LT-16	MR-16吸顶式射灯 12V 50W 配光24° 石英卤素光源,可调光	OT-8590	
	LT-17	吸顶式射灯 R80 220V 60W磨砂泡 射胆,可调光	OT-8591	
	LT-18	QR-111导轨式射灯 30° 75W 吊杆式,可调光	OT-8459	
	LT-19	MR-16格栅射灯 50W(单联) 配光36° 石英卤素光源,可调光	OT-5011N	
	LT-20	MR-16格栅射灯 50W(双联) 配光36° 石英卤素光源,可调光	OT-5012N	

图例	编号	照 明 描 述	品牌型号	造型图例
	LT-21	PAR38直线型洗墙灯 80W 配光30° 派灯,可调光	OT-3038	
	LT-22	QR-111格栅射灯 75W(单联) 配光30°,可调光	OT-5010N	
	LT-23	QR-111格栅射灯 75W(双联) 配光30°,可调光	OT-5020N	
	LT-24	QR-111格栅射灯 75W(三联) 配光30°,可调光	OT-5030N	
	LT-25	QR-111格栅射灯 75W(四联) 配光30°,可调光	OT-5040N	
	LT-26	MR-16/50W插泥灯 12V 配光24° 石英卤素光源,可调光	OT-2301	
	LT-27	GLS踏步灯 1GLS/40W(磨砂泡)白炽灯光源,可调光	OT-2200	
	LT-28	MR-16埋地灯,50W,石英卤素光源,配光24°,可调光	OT-2100	
	LT-29	MR-16/50W 插泥灯 36° 12V,可调光	OT-2300	
	LT-30	MR-16/50W 埋地灯 24° 可调光	OT-2100	
	LT-31	597×597无眩光高效格栅灯,内置日光灯管,220V	OT-3318P	
	LT-32	A型石英卤素灯泡 K=2900 Ra=100% 75W 220V,可调光	飞利浦 HalogenA-13642	
	LT-33	HA-A暗筒灯(A型石英卤素光源) 75W 220V 磨砂,可调光	OT-4685A	
	LT-34	PL*E 11W K=2700	飞利浦 PL*E/C	

（表 5.8.5）

灯 饰 图 表

图例	编号	方位	类别	数量	造型图例
	LL-01	1F客厅入口圆几上 1F餐厅明式边柜上	台灯	2	详见灯施-01
	LL-02	1F客厅沙发旁	落地灯	1	详见灯施-02
	LL-03	1F客厅	吊灯	1	详见灯施-03
	LL-04	1F客厅钢琴旁	落地灯	1	详见灯施-04
	LL-05	1F餐厅	吊灯	1	详见灯施-05
	LL-06	2F女儿房、老人房、客房	落地灯	3	详见灯施-06
	LL-07	2F女儿房床头柜上	台灯	2	详见灯施-07
	LL-08	2F女儿房书桌上	工作灯	1	详见灯施-08
	LL-09	2F老人房床头柜上	台灯	1	详见灯施-09
	LL-10	2F客房床头柜上	台灯	2	详见灯施-10
	LL-11	2F走廊 3F书房	圆灯	2	详见灯施-11
	LL-12	2F家庭室	落地灯	1	详见灯施-12
	LL-13	2F家庭室	吊灯	1	详见灯施-13
	LL-14	2F、3F卫生间	镜前灯	4	详见灯施-14
	LL-15	3F书房书桌上	工作灯	1	详见灯施-15
	LL-16	3F书房圆几上	台灯	1	详见灯施-16
	LL-17	3F主卧床头	壁灯	2	详见灯施-17
	LL-18	3F主卧	落地灯	1	详见灯施-18

（表 5.8.6）

家 具 图 表

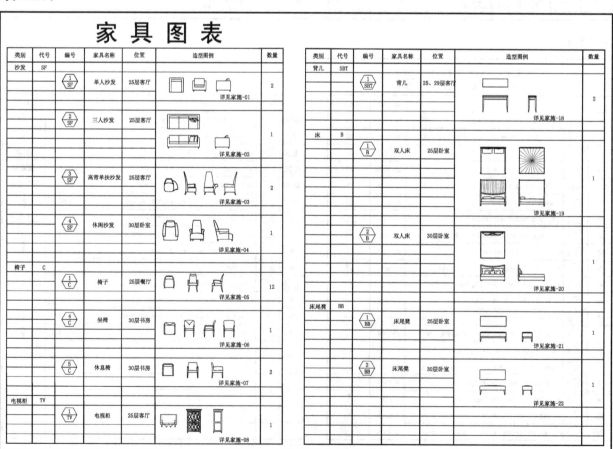

类别	代号	编号	家具名称	位置	造型图例	数量
沙发	SF	1/SF	单人沙发	25层客厅	详见家施-01	2
		2/SF	三人沙发	25层客厅	详见家施-02	1
		3/SF	高背单扶沙发	25层客厅	详见家施-03	2
		4/SF	休闲沙发	30层卧室	详见家施-04	1
椅子	C	1/C	椅子	25层餐厅	详见家施-05	12
		4/C	坐椅	30层书房	详见家施-06	1
		5/C	休息椅	30层书房	详见家施-07	2
电视柜	TV	1/TV	电视柜	25层客厅	详见家施-08	1
背几	SBT	1/SBT	背几	25、29层客厅	详见家施-18	2
床	B	1/B	双人床	25层卧室	详见家施-19	1
		2/B	双人床	30层卧室	详见家施-20	1
床尾凳	BB	1/BB	床尾凳	25层卧室	详见家施-21	1
		2/BB	床尾凳	30层卧室	详见家施-22	1

（表 5.8.7）

陈 设 品 表

代号	编号	陈设品名称	位置	造型图例	尺寸	数量	代号	编号	陈设品名称	位置	造型图例	尺寸	数量
DEC							DEC						
	DEC-01	曲线型雕塑	三层公共酒吧区展示台上		900×1400mm	1		DEC-09	长方形画框,内置抽象画	五层VIP包房衣帽间内		1000×800mm	1
	DEC-02	太湖石	三层KTV包房墙面壁龛内		320×630mm	20		DEC-10	方形画框	公共卫生间内		300×300mm	6
	DEC-03	陶艺盆栽(内插柳条)	四层KTV包房内		320×1500mm	10							
	DEC-04	装饰圆镜	五层VIP包房入口墙面		900×900mm	1							
	DEC-05	圆盘艺术品	五层KTV包房内		400×400mm	15							
	DEC-06	蝴蝶兰盆栽	五层VIP包房卫生间洗手盆旁		280×620mm	1							
	DEC-07	白色郁金香	公共卫生间洗手盆旁		480×500mm	3							
	DEC-08	方形画框,内置抽象画	四层、五层包房入口		1000×1000mm	1							

（表 5.8.8）

门 窗 图 表

类别	编号	洞口尺寸	门窗尺寸	位置	数量	备注	类别	编号	洞口尺寸	门窗尺寸	位置	数量	备注
门	FM-01	1000×2300	900×2250	楼梯间	182		窗	SC-01	900×1200		5~18层走道	14	
	M-01	1000×2300	900×2250	主楼走道门	19								
	M-02	900×2100	800×2050	裙房办公层	40								
	M-03	750×2200	650×2100	客房卫生间	195								
	M-04	1600×2400	750×2300	大宴会厅入口	6								

（表 5.8.12）

专业供应商联系名录

材料类型	编号	产品型号	供应商及联系方式
喷涂			
	PT-01	浅白色涂料（STO: 20924）	（德国）上海申德欧有限公司 ADD: 联系人: MP: TEL:
	PT-03	深灰色涂料（STO: ZH23872）	
	PT-06	达尼罗特殊涂料（材料: EA 颜色: 20160607）	达尼罗公司地址: 联系人: 电话: 传真:
	PT-07	皱纹银（ZP-027）	上海兆富贴金工艺公司 联系电话:
木材			
	WD-01	印度铁刀木（瑞欣ZM006）	上海瑞欣装饰材料有限公司 ADD: 联系人: MP: TEL:
人造石			
	MS-01	白色人造石（阳春白, FM185）	上海荣翔实业有限公司 联系人: TEL: MP:
	MS-01	白色透光雪花石（8101-1）	上海卓源灯饰电器有限公司 联系人: MP:
玻璃			
	GL-03	白色背漆玻璃	上海申板玻璃建材有限公司 ADD: TEL: 联系人: 手机:
	GL-04	白镜表面渐变喷砂（BGC-1064）	
	GL-05	红色夹胶玻璃（BGC-0585 100%透光）（钢化）	
	GL-06	红色背漆玻璃（BGC-B0585）（钢化）	
	GL-07	红色镜面（BGC-J0585）（背贴防爆膜）	
	GL-08	双面玉砂玻璃（钢化）	

材料类型	编号	产品型号	供应商及联系方式
瓷砖			
	BM-01	浅白色地砖（会创: CGB 606171; 600mm×600mm）	上海合创商贸有限公司 ADD: MP: TEL:
	BM-02	深黑色地砖（会创: CGB 606186; 600mm×600mm）	
不锈钢			
	SST-02	不锈钢喷砂（MW-6000）	上海明威钛金有限公司 TEL: MP:
窗帘布艺	V-01	白冰绸	
	V-02	深褐色绒布窗帘（NB-803-27）	
窗帘杆	CR-01	蛇形轨	
家私布艺	FV-01	浅白色皮革（奈博: NB028）	上海奈博贸易发展有限公司 联系人: MP:
	FV-02	浅灰色绒布（奈博: NB-JBY602-5）	
	FV-03	浅中黄色皮革（奈博: NB-YV8227-07）	
	FV-04	深中黄色皮革（奈博: NB-JJ14456-07）	
	FV-05	深红色皮革（奈博: NB-JJ16054-09）	
	FV-06	红色皮革（奈博: NB-193）	
	FV-07	红色裹布（奈博: NB-YX-1017B-TB）	
	FV-08	黑色皮革（奈博: NB-727）	
灯光	LT系列	卓源灯光	上海卓源灯饰电器有限公司 联系人: MP:
灯饰	LL系列	卓源灯饰	
家具	家具系列	乐登酒店家具系列	上海乐登酒店家具有限公司 TEL: MP: 联系人:
陈设品	画框系列	角王画框系列	上海角王艺术品有限公司 联系人: MP:
	工艺品	角王工艺品系列	

（表 5.8.13）

客房房型表

楼层 \ 房型	标间大床房				标间双床房			标间双拼房			
	(K-1)	(K-2)	(K-3)	(K-4)	(T-1)	(T-2)	(T-3)	(K&T-1)	(K&T-2)	(K&T-3)	(K&T-4)
二	1	1	1		7	7	1	1	2	1	1
三	1	1	1		7	7	1	1	2	1	1
四	1	1	1		7	7	1				
五	1	1	1		7	7	1				
六	1	1	1		7	7	1				
七	1	1	1		7	7	1				
八	1		1	1							
九			1								
小计	22				90			30			
客房比例	8%				34%			11%			

楼层 \ 房型	大间						套房				公寓房				
	(LK-1)	(LK-2)	(LK-3)	(LK-4)	(LK-5)	(LK-6)	(S-1)	(S-2)	(S-3)	(S-4)	(AS-1)	(AS-2)	(AS-3)	(AS-4)	(AS-5)
二	4	5	1	1	1		1	1	1						
三	4	5	1	1	1		1	1	1						
四	4	5	1	1	1		1	1	1						
五	4	5	1	1	1		1	1	1						
六	4	5	1	1	1		1	1	1						
七	4	5	1	1	1		1	1	1						
八			1		1		1			1	1	5	5	4	5
九						1								4	5
小计	75						20				29				
客房比例	28%						8%				11%				
总计														266（套）	

（表 5.8.14）

室内景观植物、景观石图表

总编号	分编号	名称	尺寸	造型图例		位置	数量	备注
LS-01	LS-01-A	假山石	大石块A h≈1120mm 中石块B h≈340mm 小石块B h≈200mm	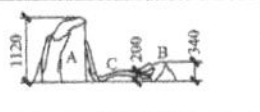	组合造型图例 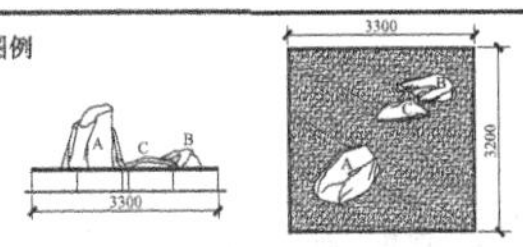	一层大堂	2组	1:石块内部掏空 2:石块高度以白砂石表面开始计算，该尺寸仅为推荐范围尺寸，最后由现场调整完成 3:假山石基座构造详见大堂景观部分施工图
	LS-01-B	白砂石块						
LS-02	LS-02-A	水池卧石	大石块A h≈500mm 中石块B h≈550mm 小石块C h≈360mm 小石块D h≈230mm	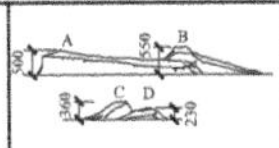	组合造型图例 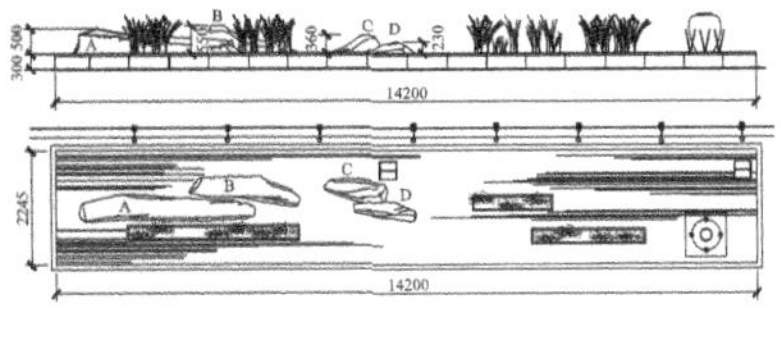	一层大堂 8-10轴 B-C轴	1组	1:石块内部掏空 2:石块高度以水平面开始计算，该尺寸仅为推荐范围尺寸，最后由现场调整完成 3:剑山为菖蒲花艺配件 4:室内水景构造详见大堂景观部分施工图
	LS-02-B	菖蒲	h≈600mm					
	LS-02-B	剑山	长宽：100×60mm 针高：h≈18mm					
LS-03		鸡爪槭	高度≈3000mm 地径≈60mm 冠幅1500～1800mm	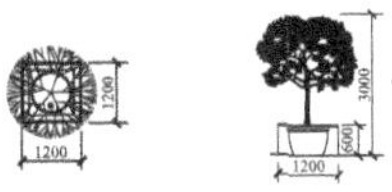		一层咖啡厅 共享空间	1棵	1:树形优美，由7-8分枝，树木规格仅为推荐范围尺寸，最后由现场调整完成 2:树池构造详见咖啡厅景观部分施工图

6. 编制顺序

室内设计施工图编制顺序如下：

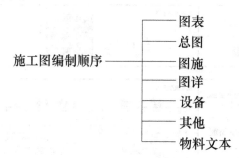

施工图编制顺序 —— 图表
总图
图施
图详
设备
其他
物料文本

6.1 图表

6.1.1 图表： a. 图纸目录表

b. 设计说明

c. 设计材料表

d. 灯光图表

e. 灯饰图表

f. 家具图表

g. 陈设品表

h. 门窗图表

i. 设备用表

j. 五金用表

k. 房型房号表

* 图表内容按设计要求可在此表基础上增加或删减。

6.2 总图

6.2.1 总图： a. 建筑原况平面图 1：100 1：150 1：200

b. 总隔墙布置图 1：100 1：150 1：200

c. 总平面布置图 1：100 1：150 1：200

d. 总平顶布置图 1：100 1：150 1：200

e. 分区平面图 1：100 1：150 1：200

f. 房型房号图 1：100 1：150 1：200

6.3 图施

6.3.1 图施：

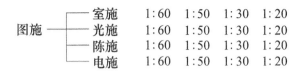

	室施	1:60	1:50	1:30	1:20
图施	光施	1:60	1:50	1:30	1:20
	陈施	1:60	1:50	1:30	1:20
	电施	1:60	1:50	1:30	1:20

6.3.2　室施：　a. 平面布置图

b. 平面隔墙图

c. 平面装修尺寸图

d. 平面装修立面索引图

e. 地坪装修施工图

f. 平面门扇布置图

g. 平顶装修布置图

h. 平顶装修尺寸图

i. 平顶装修索引图

j. 平顶消防布置图

k. 平面开关、插座布置图

l. 装修剖立面图

m. 装修立面图

6.3.3　光施：　a. 平面灯位编号图

b. 平顶灯位编号图

c. 照明剖立面定位图

6.3.4　陈施：　a. 平面家具布置图

b. 平面陈设品布置图

c. 平顶陈设品布置图

d. 陈设剖立面图

e. 陈设立面图

6.3.5　电施：　a. 配电图

6.4　图详

6.4.1　图详：

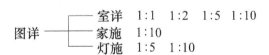

	室详	1:1	1:2	1:5	1:10
图详	家施	1:10			
	灯施	1:5	1:10		

6.4.2　室详：　a.室内装修断面图

b.室内装修大样图

c.室内装修节点图

6.4.3　家施：　a.家具造型平、立、剖施工图

b.家具用料表

6.4.4　灯施：　a.灯具造型平、立、剖施工图

b.灯具用料表

6.5　设备

6.5.1　设备工种另见各专业规范，大类内容具体如下：

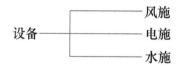

＊其他视不同设计内容而定

6.6　编制流程图

6.6.1　整套施工图编制网络结构如下图表所示，它表示图与图之间的逻辑关系。

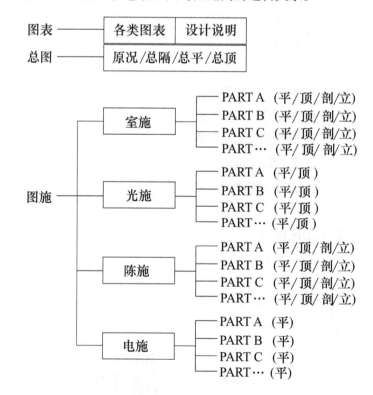

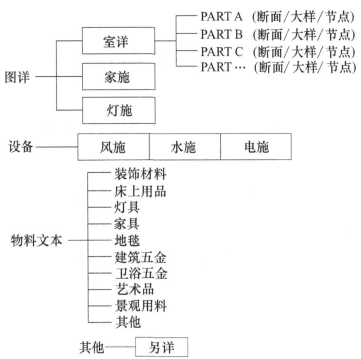

* 按实际情况，施工图的编制可略减上述某些内容，或是将某几项合并。

6.6.2　排图序例如下图表所示：

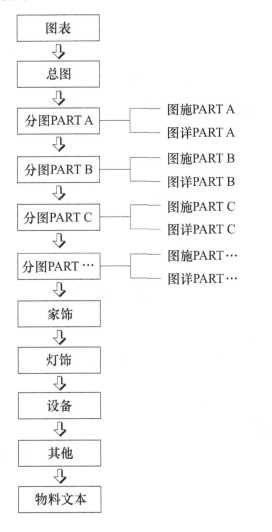

7. 深度设置

在室内设计制图中，依据不同的比例设置，将有不同的绘制深度，即深度设置。

7.1 深度设置的内容

7.1.1 深度设置共分三个内容：

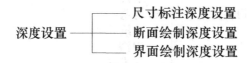

深度设置 —— 尺寸标注深度设置
断面绘制深度设置
界面绘制深度设置

7.2 尺寸标注深度设置

内容见 22 页 2·3

7.3 装修断面绘制深度

7.3.1 装修断面绘制深度系指对装修构造层剖面的表示深度，其绘制深度按不同比例的设置，均有不同的绘制深度。

7.3.2 装修断面包括平面系列、剖立面系列和详图系列。

7.3.3 按不同比例，装修断面（层）绘制深度共分五个级别：

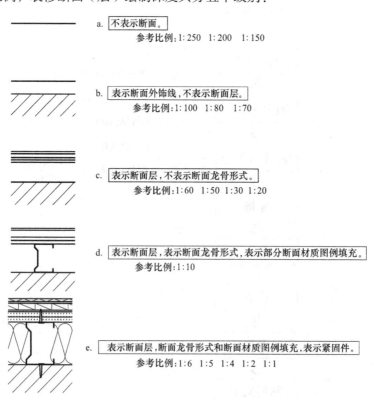

a. 不表示断面。
参考比例：1:250 1:200 1:150

b. 表示断面外饰线，不表示断面层。
参考比例：1:100 1:80 1:70

c. 表示断面层，不表示断面龙骨形式。
参考比例：1:60 1:50 1:30 1:20

d. 表示断面层，表示断面龙骨形式，表示部分断面材质图例填充。
参考比例：1:10

e. 表示断面层，断面龙骨形式和断面材质图例填充，表示紧固件。
参考比例：1:6 1:5 1:4 1:2 1:1

7.3.4 断面画法深度

以 x 为某比例读数

    a. 当 1：x 时（x > 100），如：1：250　1：200　1：150……

      断面层总厚度 < 150mm 时：不表示断面。

      断面层总厚度 ≥ 150mm 时：表示断面外饰线，不表示断面层。

    b. 当 1：x 时（60 < x ≤ 100），如：1：100　1：80 1：70……

      断面层总厚度 < 60mm 时：不表示断面。

      断面层总厚度 ≥ 60mm 时：表示断面外饰线，不表示断面层。

    c. 当 1：x 时（10 < x ≤ 60），如：1：60　1：50　1：30　1：20……

      断面层总厚度 ≤ xmm 时：表示断面外饰线（如粉刷线等），不表示断面层。

      断面层总厚度 > xmm 时：表示断面层，不表示断面龙骨形式。

      断面层总厚度 ≥ 250mm 时：表示断面层，表示断面龙骨排列，不表示断面材质图例填充。

    d. 当 1：x 时（x=10）

      断面层总厚度 ≤ 10mm 时：表示断面外饰线（如粉刷线等），不表示断面层。

      断面层总厚度 > 10mm 时：表示断面层，表示断面龙骨形式，表示断面层部分材质图例填充。

    e. 当 1：x 时（1 ≤ x < 10），如：1：6　1：5　1：3　1：2　1：1……

      表示断面层，表示断面龙骨形式，断面材质图例填充和节点紧固件。

* 本设置仅指装修饰面至结构表面的断面层空间尺度，不包括土建结构体本身的断面厚度尺寸及断面材质图例填充。

7.4 装修界面绘制深度

7.4.1 装修界面绘制深度系指对各平、顶、立界面，及陈设界面的绘制详细程度，其绘制深度依据不同比例来设置。

7.4.2 装修界面绘制深度大体分为四个级别：

    a. 画出外形轮廓线和主要空间形态分割线（1：200　1：150　1：100）。

    b. 画出外形轮廓线和轮廓线内的主要可见造型线（1：100　1：80）。

    c. 画出具体造型的可见轮廓线及细部界面的折面线、花饰图案等（1：50　1：30　1：20）。

    d. 画出不小于 4mm 的细微造型可见线和细部折面线等，画出所有五金配、饰件的具象造型细节及花饰图案、纹理线等（1：10　1：5　1：2　1：1）。

* 绘制 1：200　1：150　1：100 比例的平面、平顶图时，家具、灯具、设备等线型较丰富的图块只画外轮廓线，当内部主要分割线不能简化时，笔宽设置则全部改为红线。

绘制 1：50 比例的立面、剖立面图时，家具、灯具、设备等线型较丰富的图块只画外轮廓线，当内部主要分割线不能简化时，笔宽设置则全部改为红线。绘制 1：30　1：50 比例的立面、剖立面图时，当被绘制图样为两条平行线，且图样实际间距过近时，应改变其线型或数量。装修界面绘制深度，可由项目负责人针对某一具体情况，进行调整。

8. 电脑图层名设置

电脑制图中，为方便各成员对电脑文件的相互调用修改，节约因图层设置不当而占用的电脑空间，需规范统一电脑文件的图层设置。

* 该图层名设置主要适用于平面平顶系列图纸。

* 括号内为电脑中的图层名。

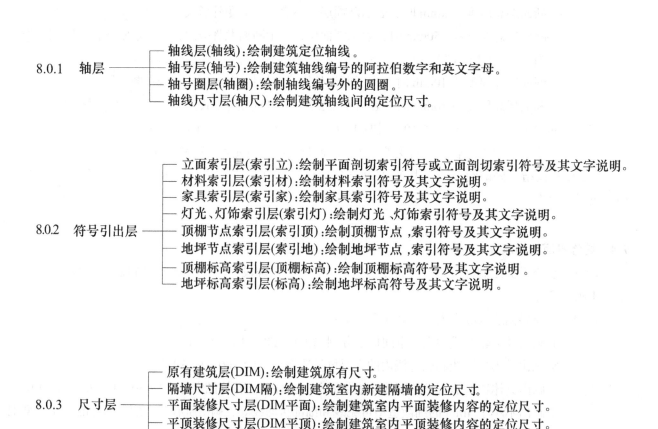

8.0.1 轴层
— 轴线层(轴线):绘制建筑定位轴线。
— 轴号层(轴号):绘制建筑轴线编号的阿拉伯数字和英文字母。
— 轴号圈层(轴圈):绘制轴线编号外的圆圈。
— 轴线尺寸层(轴尺):绘制建筑轴线间的定位尺寸。

8.0.2 符号引出层
— 立面索引层(索引立):绘制平面剖切索引符号或立面剖切索引符号及其文字说明。
— 材料索引层(索引材):绘制材料索引符号及其文字说明。
— 家具索引层(索引家):绘制家具索引符号及其文字说明。
— 灯光、灯饰索引层(索引灯):绘制灯光、灯饰索引符号及其文字说明。
— 顶棚节点索引层(索引顶):绘制顶棚节点,索引符号及其文字说明。
— 地坪节点索引层(索引地):绘制地坪节点,索引符号及其文字说明。
— 顶棚标高索引层(顶棚标高):绘制顶棚标高符号及其文字说明。
— 地坪标高索引层(标高):绘制地坪标高符号及其文字说明。

8.0.3 尺寸层
— 原有建筑层(DIM):绘制建筑原有尺寸。
— 隔墙尺寸层(DIM隔):绘制建筑室内新建隔墙的定位尺寸。
— 平面装修尺寸层(DIM平面):绘制建筑室内平面装修内容的定位尺寸。
— 平顶装修尺寸层(DIM平顶):绘制建筑室内平顶装修内容的定位尺寸。
— 地坪尺寸层(DIM地):绘制地坪材料分割定位及其规格尺寸。
— 消防尺寸层(DIM消):绘制各类消防设施的定位尺寸。

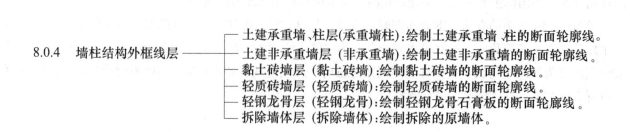

8.0.4 墙柱结构外框线层
— 土建承重墙、柱层(承重墙柱):绘制土建承重墙、柱的断面轮廓线。
— 土建非承重墙层 (非承重墙):绘制土建非承重墙的断面轮廓线。
— 黏土砖墙层 (黏土砖墙):绘制黏土砖墙的断面轮廓线。
— 轻质砖墙层 (轻质砖墙):绘制轻质砖墙的断面轮廓线。
— 轻钢龙骨层 (轻钢龙骨):绘制轻钢龙骨石膏板的断面轮廓线。
— 拆除墙体层 (拆除墙体):绘制拆除的原墙体。

8.0.5 填充层
- 土建承重墙、柱层(H承):绘制土建承重墙、柱的材质填充。
- 土建非承重墙层 (H非承):绘制非承重墙的材质填充。
- 黏土砖墙层(H黏土):绘制黏土砖墙的材质填充。
- 轻钢龙骨层(H轻钢):绘制轻钢龙骨的材质填充。
- 顶棚填充层(H顶棚):绘制顶棚材料的填充。
- 地坪材料填充层(FH):绘制地坪材料的填充。

8.0.6 文字层
- 图面文字层(Text):除符号内、图签内、图表内所有图面说明文字。
- 图签文字层(图号):图签内所有说明文字。

8.0.7 图框层 (图框):绘制图框。

8.0.8 图表图例层 (表):绘制图表及表内图例、说明文字。

8.0.9 陈设家具层
- 活动家具层(活动家具):绘制所有活动家具。
- 装修家具层(固定家具):绘制所有固定家具。
- 陈设品(家陈):绘制所有陈设品。

8.0.10 灯光、灯饰层
- 灯光层
  - 平面光源层(平面灯):绘制与平面相关的光源。
  - 地坪相关光源层(地光源):绘制与地坪相关的光源。
  - 顶面光源层(顶棚灯):绘制与顶棚相关的光源。
- 灯饰层
  - 顶棚灯饰(顶棚灯饰):绘制与顶棚相关的灯饰。
  - 立面灯饰(立面灯饰):绘制与立面相关的灯饰。
  - 平面灯饰(平面灯饰):绘制与平面相关的灯饰。

8.0.11 装修层
- 装修表饰剖切线层(饰面层):绘制装修饰面的断面外轮廓线。
- 装修断面构造层(构造层):绘制断面龙骨形式。
- 平面装饰线脚可见层(装饰线脚层):绘制与立面相关的未剖切装饰脚可见线。
- 地坪装修层(FL):绘制地坪材料的分割线。
- 顶棚造型装修层(顶棚):绘制顶棚上所有装饰造型可见线。

8.0.12 门层
- 常规门层(door):绘制常规门扇开启线及门套。
- 防火门层(FM door):绘制防火门扇开启线及门套。

8.0.13 窗层 (窗):绘制窗间墙及窗扇。

8.0.14 窗帘层 (帘):绘制所有窗帘的外轮廓线。

8.0.15 设备层 (设备):绘制所有设备 (如:厨房、电脑、电话、传真、理疗……)

8.0.16 洁具层
- 卫浴洁具层(洁具):绘制所有洁具。
- 卫浴五金层(卫浴五金):绘制所有卫浴五金。

8.0.17　楼梯层（star）：绘制建筑内楼梯踏步及扶手。

8.0.18　配电线层（配电线）：绘制配电线路图。

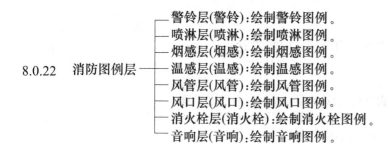

8.0.19　开关、插座层 ── 开关层(开关):绘制各类开关图例。
插座层 ── 墙插层(墙插):绘制墙插。
地插层(地插):绘制地插。

8.0.20　绿化景观（绿化）：绘制室内外绿化及景观。

8.0.21　虚线层（虚线）：绘制平面及平顶不可见投影轮廓线。

8.0.22　消防图例层 ──
警铃层(警铃):绘制警铃图例。
喷淋层(喷淋):绘制喷淋图例。
烟感层(烟感):绘制烟感图例。
温感层(温感):绘制温感图例。
风管层(风管):绘制风管图例。
风口层(风口):绘制风口图例。
消火栓层(消火栓):绘制消火栓图例。
音响层(音响):绘制音响图例。

8.0.23　其他层：未归入以上 22 大类者均按笔宽规范放入电脑自带层（即 Layer1 ～ 7)。

8.0.24　灰面层：绘制家具、灯具时，为区别材质的颜色，会对明显的深色进行灰面填充，并且灰面应放于线框的底部，灰面名则为灰面颜色号。

9.图 面 原 则

9.1 版面齐一性

所有图纸的绘制，均要求图面构图呈齐一性原则，在排图中宁紧勿松。

9.1.1 概念：所谓图面的齐一性原则就是指为方便阅读者而使图面的组织排列在构图上呈统一整齐的视觉编排效果，并且使得图面内的排列在上下、左右都能形成相互对位的齐律性。

9.1.2 立面应用

    a. 图与图之间的上下、左右相互对位，虚线为图面构图对位线。

    b. 图与图名等长。

    c. 图面各立面的组织呈四角方形 编排构图。

    d. 剖立面的比例需根据图幅的变化而进行合适的调整。

    e. 同样的比例，图幅不一样，排图也需要调整。

    f. 图与图之间需要拉开关系，图与图之横向间距可形成大段落，图与图之纵向间距可形成小段落，由此使图面清晰而有层次（图 9.1.2）。

    g. 剖立面出现的先后顺序，需以主要流线的前后次序为基本原则（通常由外至内的先后关系）。

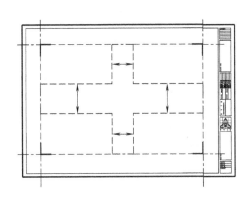

（图 9.1.2）

9.1.3 详图应用

    a. 六幅面构图，又称方阵构图原则（图 9.1.3-1）。

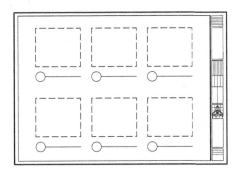

（图 9.1.3-a）

b. 六幅面构图（方阵构图）原则是在详图编排中的一项基本组合架构，在各类不同的具体制图中可有无数变化形式，因此，六幅面构图并非指六个详图的排列（图 9.1.3-b、图 9.1.3-c ）。

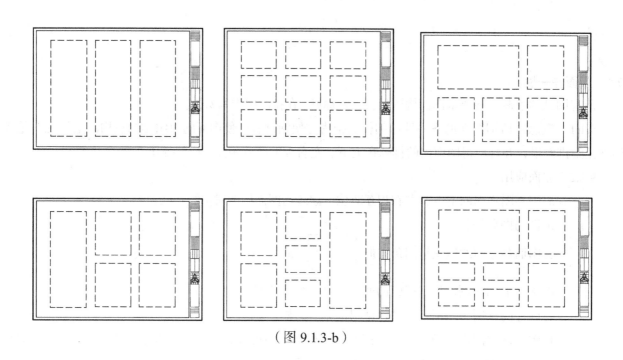

（图 9.1.3-b ）

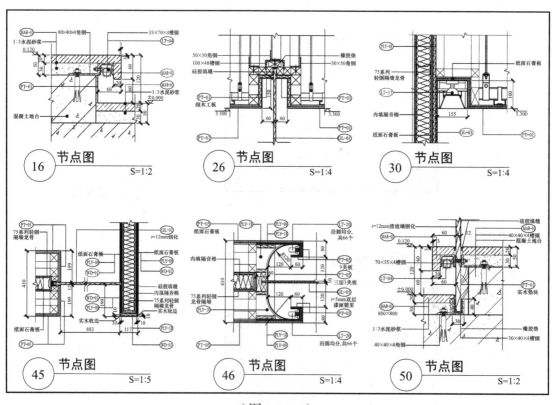

（图 9.1.3-c ）

9.2 材料标注及剖切

9.2.1 同一材料、剖切内容在不同图面中都应一一标注。

9.2.2 同一图面内有重复出现的材料或剖切内容都应一一标注。

9.3 图面引出线、尺寸线编排

9.3.1 引出线编排

a. 材料索引号、家具索引号、灯光灯饰索引号的引出线以水平、垂直引出为主，以斜线引出为辅（图9.3.1-a）。使用斜线引出通长有如下原因：①以明显区别于剖切线、尺寸界线，使画面层次明确清晰。②当垂直、水平引线难以表达时，可采用斜线引出。③当图面内有较多垂直或水平造型或填充线时，为避免重叠，可采用斜线引出，以明显区别图面造型或填充线（图9.3.1-c、图9.3.1-d、图9.3.1-e）。

b. 图面分层布局主要可分为三个层次。第一层为图面，第二层为图外尺寸线及建筑结构轴号，第三层为引出线（材料引出线、灯光灯饰引出线、家具引出线、陈设引出线……）与剖切线。三个层次需层次分明，不可凑成一团（图9.3.1-b）。

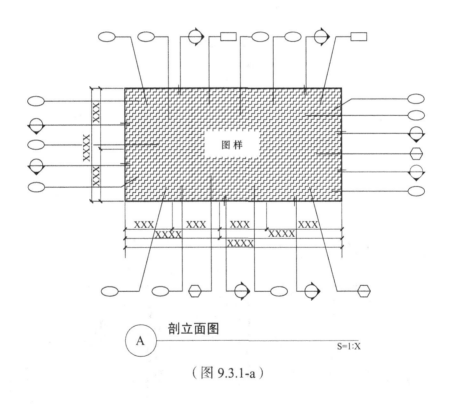

剖立面图

（图9.3.1-a）

c. 当引出线较多时（单层引出线不够用时），可再分为双层引出线或三层引出线（视具体情况而定）（图9.3.1-b、9.3.1-c）。

d. 图面中"上、左、右"区域宜标注材料及节点索引、剖切；图面中"下"部区域宜标注尺寸及建筑轴号，尽可能避免引出线与尺寸线相交叠和打乱尺寸界线应有的条理与清晰。

e. 引出线的长度与图面本身长度比例相协调（图9.3.1-a、9.3.1-b）。

f. 对齐原则：图面上下引出线，需水平对齐；图面左右引出线，需垂直对齐。避免垂直与水平向在四角处同时对齐（图 9.3.1-b、9.3.1-c）。

*由于具体图面情况复杂多变，关于引出线编排以最终效果为原则，上述规范仅供参考，不应僵化执行。

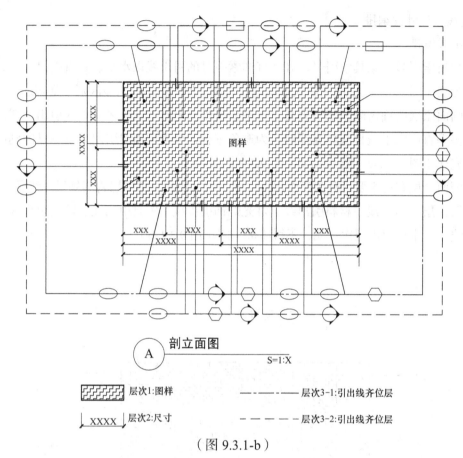

(A) 剖立面图
S=1:X

层次1:图样   ——————— 层次3-1:引出线齐位层

XXXX 层次2:尺寸   — — — — — 层次3-2:引出线齐位层

（图 9.3.1-b）

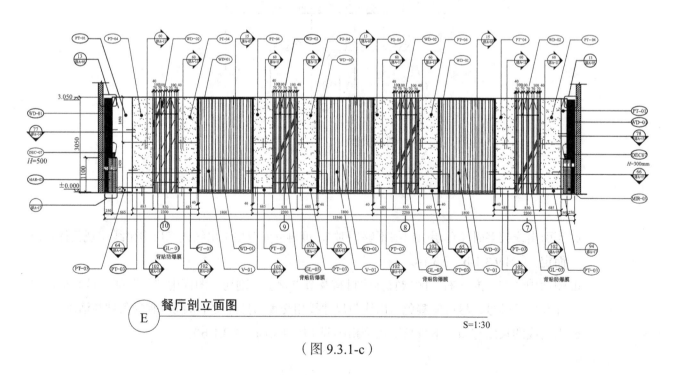

(E) 餐厅剖立面图
S=1:30

（图 9.3.1-c）

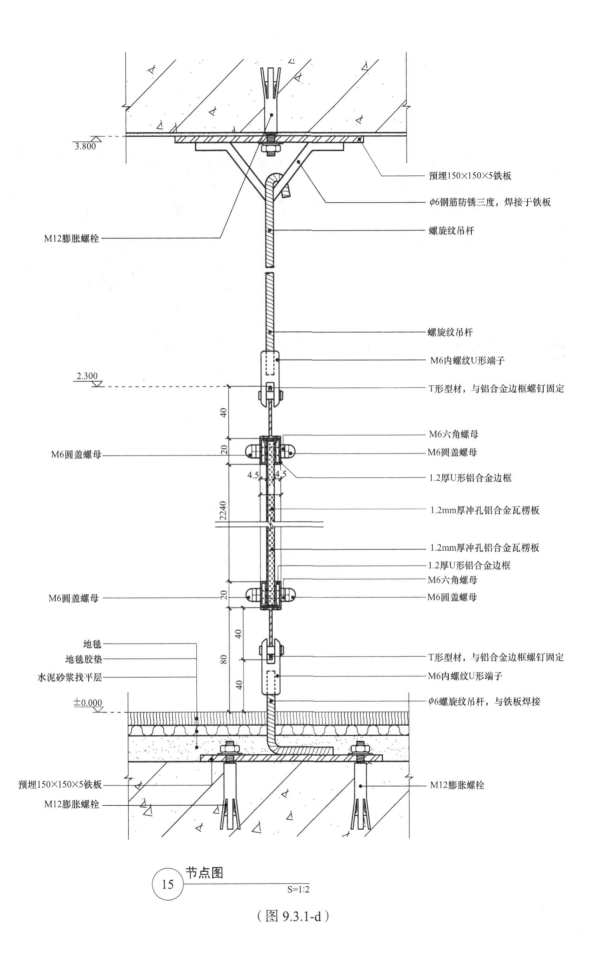

3.800

预埋150×150×5铁板

φ6钢筋防锈三度，焊接于铁板

M12膨胀螺栓

螺旋纹吊杆

螺旋纹吊杆

M6内螺纹U形端子

2.300

T形型材，与铝合金边框螺钉固定

40

M6六角螺母

M6圆盖螺母

20

M6圆盖螺母

4.5 4.5

1.2厚U形铝合金边框

2240

1.2mm厚冲孔铝合金瓦楞板

1.2mm厚冲孔铝合金瓦楞板

1.2厚U形铝合金边框

M6六角螺母

M6圆盖螺母

20

M6圆盖螺母

40

地毯

地毯胶垫

T形型材，与铝合金边框螺钉固定

80

M6内螺纹U形端子

水泥砂浆找平层

40

±0.000

φ6螺旋纹吊杆，与铁板焊接

预埋150×150×5铁板

M12膨胀螺栓

M12膨胀螺栓

⑮ 节点图

S=1:2

（图 9.3.1-d）

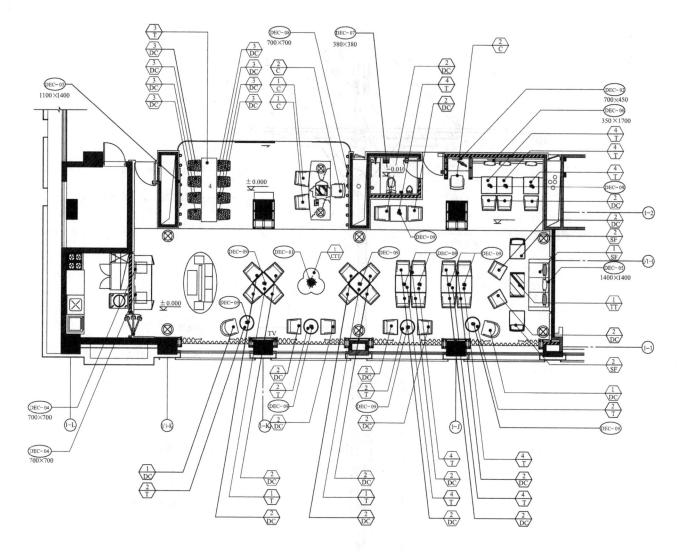

平面家具、陈设品布置图

（图 9.3.1-e）

9.3.2 尺寸线编排

位于图样轮廓线外侧的大段落尺寸线之间的距离绝对相等，且大段落尺寸线与图样内容相邻的间距为尺寸线间距的 3 倍。设尺寸线间距为 b，尺寸线与图样间距为 a，$a=15mm$，$b=5mm$，即 $3b=a$（图 9.3.2）

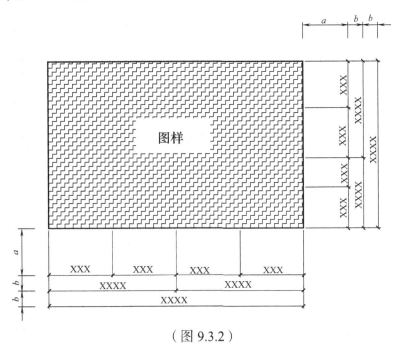

（图 9.3.2）

9.4 图纸剖切、分类编排

9.4.1 节点大样部分

　　a. 节点剖切应先遵循大剖再小剖的原则。

　　b. 同一剖切节点的内容，若分别存在于不同的界面图（平面、顶面、立面、剖面）中时，需分别在不同的界面图（平面、顶面、立面、剖面）中有对应的剖切符号。

　　c. 节点归类应清楚，同一类节点尽量排放在一起（图 9.4.1）。

　　d. 每张节点详图内容都应在图名中具体表述清楚，不可混淆而一概称为节点大样图。

9.4.2 剖立面、立面部分

剖立面、立面排放可按功能区域划分（如：大堂、餐厅、会议室……），进行分类、分区集中编排。

9.4.3 图纸中的图表部分

在平面、平顶图系列中，与该图所示内容无关的"表格"、"文字注明"无需放置图内。

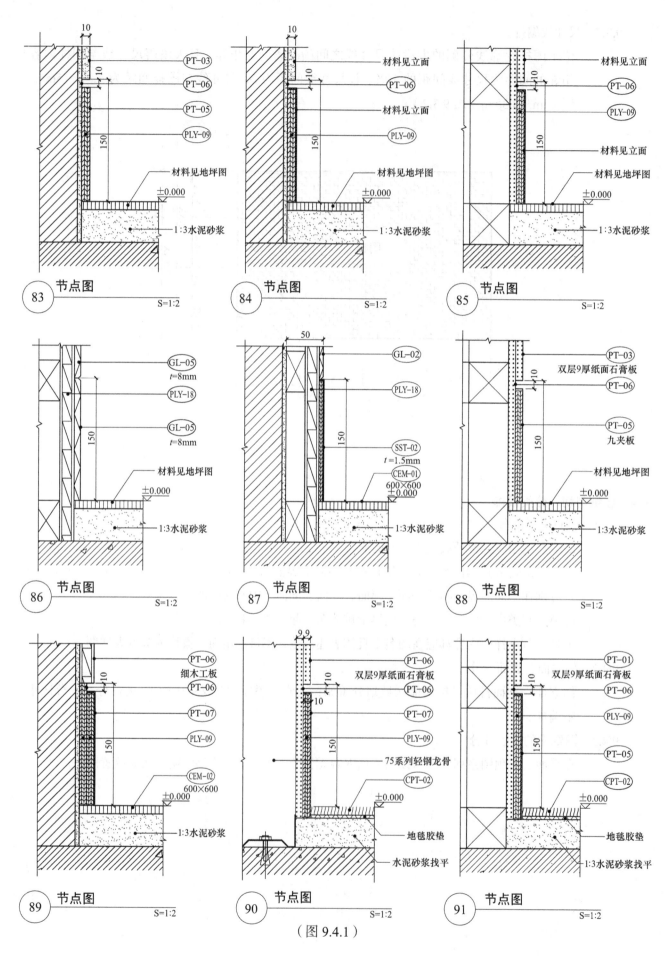

（图 9.4.1）

10. 制图常见错误

10.0.1　尺寸标注矛盾：室施与室详、室施与室施、室详与室详之间对同一图样的尺寸标注不统一。

10.0.2　剖视方向错误：剖视方向与剖切符号不符合。

10.0.3　有号无图、有图无号：室施中有索引号，室详中无此内容；室详中有此内容，室施中无引出号。

10.0.4　材料标注矛盾：室施与室详、室施与室施、室详与室详之间对同一材料标注不统一。

10.0.5　图纸号编错：图纸号与索引号对不上。

10.0.6　图面内容与图框标题不符。

10.0.7　尺寸、材料漏标：同一内容在不同图面内均需标注，而实际情况却漏注漏标。

10.0.8　图面编排混乱、无秩序感：各类引出线编排无序，干扰读图的逻辑性与条理性。

10.0.9　顺序漏项、跳项：不按制图顺序由大渐小的原则进行，如从立面至节点的过程中常有断面图漏项。

10.0.10　尺寸线引出方向错误：尺寸标注方向与被注体之间的投影方向不符。

10.0.11　填充比例不当：不同材料的填充比例不当，不同肌理面的填充比例不当。

10.0.12　数字、文字、符号的比例设置不当：不按规定之大小设置。

10.0.13　图线的线宽选择不当，不按规定的线宽制图。

10.0.14　比例设置不当：对不同尺度的制图对象（详图）比例设定不当。

10.0.15　制图深度与制图阶段不符：如室施阶段，所标注的尺寸内容已达到室详阶段的深度，图面所示内容应同制图阶段的深度相统一。

10.0.16　制图深度与制图比例不符：所绘制图样的制图深度与其相对应的比例不符，如在室施阶段的深度就达到了室详的深度，或是室详阶段的深度仍停留在室施阶段。

10.0.17　立面填充密度（即灰面组织）需适中，不可因填充过密而干扰引出线、剖切线等。

10.0.18　标注不完整。

10.0.19　标注与制图比例及深度不符。

11. 关于设计制图中的项目负责人

由于每一项目的实际情况及要求都有不同，许多问题未能在制图规范中明确规定，因此需要针对每一项目的实际制图情况及要求，由项目负责人在本规范设置的前提下，进一步做出具体选择，以下内容为项目负责人常见的选择内容。

11.0.1　排图及图纸目录：按"6.编制顺序"的制图排序原则，项目负责人需更进一步明确每张图、每段剖立面、立面在整套图纸中的排序，以及对各详图排图顺序的明确，在此基础上最终完成全套图纸的目录单。

11.0.2　材料编号：针对具体设计对象，明确每项材料类别中的具体材料编号及排序。

11.0.3　统一未明确图例：设计中运用的某些材料、光源等未在本规范明确的范围内，需由项目负责人重新决定未明确的图例画法。

11.0.4　合并与选项：由于每个项目的繁简度和要求不一，项目负责人可将某些图纸内容合并为一张图，或是删减某些选项。

11.0.5　肌理填充：针对不同的制图对象，项目负责人需决定是否进行肌理填充，或是肌理填充的灰度与密度等问题，同时对于规范中未明确材质的肌理填充，需另行决定。

11.0.6　统一图块：在多人同时合作制图的项目中，当某些内容可有多种图块选择时，项目负责人需将其统一明确。

11.0.7　尺寸标注深度：如果对尺寸标注深度的需求超出了本规范关于深度设置的六种运用情况，则项目负责人可进一步明确规定。

11.0.8　电脑分层：由于各项目繁简要求不一，可由项目负责人进一步就实际情况决定合并或是增设哪些层。

11.0.9　图幅及比例设定：对于有些超常规尺寸的平面、立面图，项目负责人可从可选比例中自行决定，并明确相应的图幅，如有分图，需明确分图与分图的划分范围和比例。

11.0.10　室施阶段制图深度设定：按不同的设计要求，项目负责人可决定简化部分制图深度的规定。

11.0.11　协调水、电、风、等各设计专业在空间中的详细定位尺寸。

12. 图表

12.1 材质符号表

（表 12.1）

材质符号	材质类型	材质符号	材质类型	材质符号	材质类型
（5 5 5）	瓷砖		三夹板	10 ｜60｜60｜60｜	防潮层
（5 5 5）	马赛克	5 5 5 5	五夹板		硬塑料
14 14 14	石材	5 5 5 5	九夹板	3 3	铜
	砂、灰土、粉刷层	5 5 5 5	十二夹板	5 5 5	铝
	水泥砂浆		密度板	6	钢材
	混凝土	35 35 / 3 3 / 18	细木工板		相邻图例过小时涂黑中间留白
60	钢筋混凝土		木材	16 φ5 / 30 30	钢丝网板
60 60 60	黏土砖		垫木、木砖、木龙骨	26	自然土壤
70 70	轻质砌块砖	10 10	多孔材料	26	素土夯实
	轻钢龙骨纸面石膏板隔墙	5 5 5	纤维		液体
21	土建承重墙柱填充	2 / 2 2 2 / 1	硅胶		镜面（平面图案）
70	土建非承重墙填充	3 3 3	橡胶		清玻璃（平面图案）
80	新砌普通砖墙填充	2	地毯		磨砂玻璃、底漆玻璃（平面图案）
实物尺寸	玻璃砖	4	石膏板		
20°	玻璃	10 10	软质填充		

＊ 材质填充的间隔尺寸数是指 CAD 制图中以 1：1 图样绘制时所制定的图案间隔尺寸

12.2 灰面填充设置规范

（表 12.2）

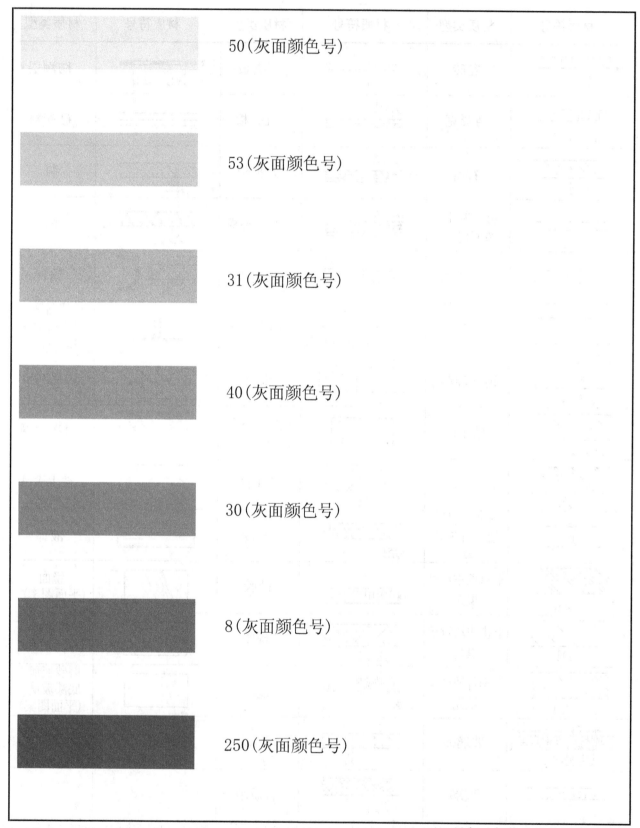

50（灰面颜色号）

53（灰面颜色号）

31（灰面颜色号）

40（灰面颜色号）

30（灰面颜色号）

8（灰面颜色号）

250（灰面颜色号）

*250号灰一般作为结构墙体的填充

12.3 常用光源表

（表 12.3）

代号	中文名	光源参数	光源产品
R63	射胆	40W/60W，220V，Ra=100%，K=2700	
R80	射胆	100W，220V，Ra=100%，K=2700	
MR-16	石英卤素灯	20W、35W、50W，12V， 12°、24°、36°，Ra=100%，K=3000	
MR-11	小型石英卤素灯	35W，12V， 12°、24°、36°，Ra=100%，K=3000	
J78 J118	管状石英卤素灯管 （小太阳）	100W、150W，200W、500W，Ra=100%， J78　　　　J118　　220V，无聚光，K=2800	
JC	石英米胆	12V，20W、35W、50W，Ra=100%，K=3000 聚光型、广角型、磨砂型	
QT-12	石英灯插管 （米胆）	12V，100W、75W，Ra=100%，无聚光，K=3000	
QR-111	防眩光石英卤素灯杯（格栅射灯）	75W、100W， 10°、30°、60°，Ra=100%，K=3000	
PAR-30	小型派灯	75W、100W，220V， 12°、30°，Ra=100%，K=3000	
PAR-38	派灯	80W、120W，220V， 12°、30°，K=2700，Ra=100%	
PAR-56	派灯	300W，220V， 15°、25°、40°，K=2700，Ra=100%	
CDM-T	陶瓷复金卤灯	35W、70W、150W，K=3000	
CDM-R	陶瓷复金卤灯	35W、70W， 10°、40°， K=3000	
HA-A	A型石英卤素灯泡	75W、100W、150W，Ra=100°， K=2900，220V	

代号	中文名	光源参数	光源产品
GLS	白炽灯(磨砂泡)	25W、40W、60W、100W， 220V，K=2700，Ra=100%	
E-14	微型泡(烛泡)	15W、25W、40W，220V，K=2700	
MHN-TD	金卤灯	70W、150W，Ra=80%，K=3000、4200	
PL-C	节能灯管(插管)	8W、10W、13W、18W、26W，Ra=85%， K=2700、3000、4000	
PLE/C	节能灯管(螺口)	9W、11W、15W、20W、23W，Ra=85%，K=2700	
TLD	日光灯管(细管)	14W、21W、28W、35W，Ra=65%、85%、95%， K=2700、3000、4000、5000，220V	
	日光灯管	18W、30W、36W、58W，Ra=65%、85%、95% K=2700、3000、4000、5000，220V	
	灯丝管	35W、60W、120W，Ra=100%， 300mm、500mm、1000mm，K=2700，220V	
DSL	走珠灯带	5W，4V， 16个/M、13个/M、10个/M，Ra=100%，K=2700	
UFL	美耐灯	39W/M，240V 可选色：13种	
LED	LED数码变色管	17W，160V～260V， 变色范围：红、黄、绿、蓝、青、紫、白	
SD	冷极管	ϕ15mm：13W、24W ϕ20mm：10W、18W 可选色：18种 ϕ25mm：7W、13W	
HQI-R	光纤	150W，230V	

12.4 灯光图表

（表 12.4）

图 例	编 号	照 明 描 述	型 号	灯 具 造 型
— · —	LT-01	灯丝管　6275X：35W，300mm，220V 6276X：60W，500mm，220V 6277X：120W，1000mm，220V	6275X 6276X 6277X	
======	LT-02	日光灯管　OT-3114A：14W，L575×W36×H56 OT-3121A：21W，L875×W36×H56 OT-3128A：28W，L1175×W36×H56 /220V OT-3135A：35W，L1475×W36×H56	OT-3114A OT-3121A OT-3128A OT-3135A	
— —	LT-03	走珠灯带　DSL-6.3：80W/M，24V DSL-7.5：65W/M，24V DSL-10：50W/M，24V	DSL-6.3 DSL-7.5 DSL-10	
— — —	LT-04	镁氖灯　红色、橙色、荧光橙色 黄色、粉红色、荧光绿色 蓝色、淡黄绿色、透明/220V 绿色、奶白色 紫色、浅蓝色	UFL-3W	
꞊ ꞊ ꞊ ꞊	LT-05	冷极管　白色：OT-SD-06（K=2800），240V 品色：OT-SD-10，240V 紫色：OT-SD-12，240V 黄色：OT-SD-20，240V 蓝色：OT-SD-28，240V	OT-SD-06 OT-SD-10 OT-SD-12 OT-SD-20 OT-SD-28	
- ꞊ ꞊ -	LT-06	LED数码变色管，17W，160V～260V 变色范围：红、黄、绿、蓝、青、紫、白	DTT-501	
— — — —	LT-07	橱窗尾光光纤，1HQI-R/150W，230V(蘑菇状金卤灯泡光源)	OT-0FE	
⊖	LT-08	PL-C暗筒灯（带防雾罩），节能灯管，13W	OT-4841M	
◯	LT-09	GLS暗筒灯，220V，40W，白炽灯光源，磨砂泡 GLS暗筒灯，220V，60W，白炽灯光源，磨砂泡	OT-4630M	
⊕	LT-10	GLS暗筒灯，220V，60W，白炽灯光源，蘑菇泡 R63暗筒灯，220V，60W，射胆	OT-4640M	
⊖	LT-11	GLS暗筒灯，220V，40W，磨砂泡 GLS暗筒灯，220V，60W，磨砂泡	OT-4670M	
⊖	LT-12	GLS防水筒灯，带磨砂玻璃灯罩，1E-14/40W(球泡)，220V	OT-4641M	

图 例	编 号	照 明 描 述	型 号	灯 具 造 型
⊘	LT-13	偏光灯，QT-12暗筒灯，12V，75W（石英灯插管）	OT-1917SWW	
		偏光灯，QT-12暗筒灯，12V，100W（石英灯插管）		
⊕	LT-14	MR-16暗筒灯，12V,50W，石英卤素灯光源，配光10°	OT-1915Y	
		MR-16暗筒灯，12V,50W，石英卤素灯光源，配光24°		
		MR-16暗筒灯，12V,50W，石英卤素灯光源，配光36°		
⊕	LT-15	MR-16暗筒灯，12V,50W，石英卤素灯光源，配光10°（可调角）	OT-0915Y	
		MR-16暗筒灯，12V,50W，石英卤素灯光源，配光24°（可调角）		
		MR-16暗筒灯，12V,50W，石英卤素灯光源，配光36°（可调角）		
◉	LT-16	MR-11简易式筒灯，12V,50W，石英卤素灯光源，配光10°	OT-1801N	
		MR-11简易式筒灯，12V,50W，石英卤素灯光源，配光24°		
		MR-11简易式筒灯，12V,50W，石英卤素灯光源，配光36°		
⊕	LT-17	MR-16开式暗筒灯，12V,50W，石英卤素灯光源，配光10°	OT-1802N	
		MR-16开式暗筒灯，12V,50W，石英卤素灯光源，配光24°		
		MR-16开式暗筒灯，12V,50W，石英卤素灯光源，配光36°		
⊕	LT-18	MR-16暗筒灯，12V,50W，石英卤素灯光源，配光10°	OT-1803N	
		MR-16暗筒灯，12V,50W，石英卤素灯光源，配光24°		
		MR-16暗筒灯，12V,50W，石英卤素灯光源，配光36°		
◎	LT-19	MR-16防眩光式暗筒灯，12V,50W，石英卤素灯光源，配光10°	OT-1804N	
		MR-16防眩光式暗筒灯，12V,50W，石英卤素灯光源，配光24°		
		MR-16防眩光式暗筒灯，12V,50W，石英卤素灯光源，配光36°		

图 例	编 号	照 明 描 述	型 号	灯 具 造 型
	LT-20	MR-16暗筒灯,50W,配光10°、24°、36°（可调角）	OT-0821J	
	LT-21	PAR-30FL暗筒灯,75W或100W,配光12°或30°（可调角）	OT-0914R	
	LT-22	PAR-30FL暗筒灯,75W或100W,配光12°或30°	OT-1914R	
	LT-23	PAR-38FL暗筒灯,80W或120W,配光12°或30°（可调角）	OT-0906R	
	LT-24	PAR-38暗筒灯,80W或120W,配光12°	OT-1906R	
	LT-25	PAR-56暗筒灯,300W,配光15°、25°或40°（可调角）	OT-0904R	
	LT-26	PAR-56暗筒灯,300W,配光15°、25°或40°	OT-1904R	
	LT-27	吸顶式射灯（加长型）,12V,50W,配光12°,石英卤素光源 吸顶式射灯（加长型）,12V,50W,配光24°,石英卤素光源 吸顶式射灯（加长型）,12V,50W,配光38°,石英卤素光源	OT-8582N	
	LT-28	吸顶式聚光射灯,12V,50W,配光10°,石英卤素光源 吸顶式聚光射灯,12V,50W,配光24°,石英卤素光源 吸顶式聚光射灯,12V,50W,配光38°,石英卤素光源	OT-8583N	
	LT-29	MR-16吸顶式射灯,12V,50W,配光12°,石英卤素光源 MR-16吸顶式射灯,12V,50W,配光24°,石英卤素光源 MR-16吸顶式射灯,12V,50W,配光38°,石英卤素光源	OT-8590	
	LT-30	吸顶式射灯,R80,220V,60W磨砂泡,射胆 吸顶式射灯,R80,220V,100W磨砂泡,白炽灯	OT-8591	
	LT-31	MR-16直线型洗墙灯,20W,配光36°,石英卤素光源	OT-3016	
	LT-32	PAR38直线型洗墙灯,80W,配光30°,派灯	OT-3038	

图 例	编 号	照 明 描 述	型 号	灯 具 造 型
▢▢▢▢	LT-33	R63直线型洗墙灯，220V，40W	OT-3063	
		GLS直线型洗墙灯，内置40W白炽灯，磨砂泡		
▣	LT-34	MR-16格栅射灯，20W或50W(单联)，配光10°，石英卤素光源	OT-5011N	
		MR-16格栅射灯，20W或50W(单联)，配光24°，石英卤素光源		
		MR-16格栅射灯，20W或50W(单联)，配光36°，石英卤素光源		
▣▣	LT-35	MR-16格栅射灯，20W或50W(双联)，配光10°，石英卤素光源	OT-5021N	
		MR-16格栅射灯，20W或50W(双联)，配光24°，石英卤素光源		
		MR-16格栅射灯，20W或50W(双联)，配光36°，石英卤素光源		
▣▣▣	LT-36	MR-16格栅射灯，20W或50W(三联)，配光10°，石英卤素光源	OT-5031N	
		MR-16格栅射灯，20W或50W(三联)，配光24°，石英卤素光源		
		MR-16格栅射灯，20W或50W(三联)，配光36°，石英卤素光源		
▣▣▣▣	LT-37	MR-16格栅射灯，20W或50W(四联)，配光10°，石英卤素光源	OT-5041N	
		MR-16格栅射灯，20W或50W(四联)，配光24°，石英卤素光源		
		MR-16格栅射灯，20W或50W(四联)，配光36°，石英卤素光源		
▢	LT-38	QR-111格栅射灯，75W或100W(单联)，配光10°	OT-5010N	
		QR-111格栅射灯，75W或100W(单联)，配光30°		
		QR-111格栅射灯，75W或100W(单联)，配光60°		
▢▢	LT-39	QR-111格栅射灯，75W或100W(双联)，配光10°	OT-5020N	
		QR-111格栅射灯，75W或100W(双联)，配光30°		
		QR-111格栅射灯，75W或100W(双联)，配光60°		

图 例	编 号	照 明 描 述	型 号	灯 具 造 型
▣▣▣	LT-40	QR-111格栅射灯，75W或100W(三联)，配光10°	OT-5030N	
		QR-111格栅射灯，75W或100W(三联)，配光30°		
		QR-111格栅射灯，75W或100W(三联)，配光60°		
▣▣▣▣	LT-41	QR-111格栅射灯，75W或100W(四联)，配光10°	OT-5040N	
		QR-111格栅射灯，75W或100W(四联)，配光30°		
		QR-111格栅射灯，75W或100W(四联)，配光60°		
	LT-42	MR-16/50W插泥灯，12V，配光12°，石英卤素光源	OT-2300	
		MR-16/50W插泥灯，12V，配光24°，石英卤素光源		
		MR-16/50W插泥灯，12V，配光36°，石英卤素光源		
	LT-43	MR-16/50W插泥灯，12V，配光12°，石英卤素光源	OT-2301	
		MR-16/50W插泥灯，12V，配光24°，石英卤素光源		
		MR-16/50W插泥灯，12V，配光36°，石英卤素光源		
	LT-44	GLS踏步灯，1GLS/25W（磨砂泡），白炽灯光源	OT-2200	
		GLS踏步灯，1GLS/40W（磨砂泡），白炽灯光源		
	LT-45	MR-16埋地灯，50W,石英卤素灯光源,配光10°	OT-2100	
		MR-16埋地灯，50W,石英卤素灯光源,配光24°		
		MR-16埋地灯，50W,石英卤素灯光源,配光36°		
	LT-46	感应灯(一般用于壁橱内)		
	LT-47	复金属PAR灯,70W,220V	CB-18101(立明照明)	
		复金属PAR灯,70W,220V	CB-18102(立明照明)	

图 例	编 号	照 明 描 述	型 号	灯 具 造 型
	LT-48	得利速55W间接照明灯具 OSRAM DULU×L55×2 T-BAR INDIRECT LIGHT(RA>82)	CB-60209(立明照明)	
	LT-49	597×597无眩光高效格栅灯，内置日光灯管，220V	OT-3318P	
	LT-50	297×1197无眩光高效格栅灯，内置日光灯管，220V	OT-3236P	
	LT-51	597×1197无眩光高效格栅灯，内置日光灯管，220V	OT-3336P	
Ⓐ	LT-52	A型石英卤素灯泡，K=2900, Ra=100%, 75W, 220V	飞利浦HalogenA-13642	
Ⓗ	LT-53	HA-A暗筒灯(A型石英卤素灯光源)，75W，220V, 磨砂	OT-4685A	
⊖	LT-54	PL*EC 9W K=2700，螺口节能灯	飞利浦	
		PL*EC 11W K=2700，螺口节能灯		
		PL*EC 15W K=2700，螺口节能灯		
		PL*EC 20W K=2700，螺口节能灯		
		PL*EC 23W K=2700，螺口节能灯		

12.5 材料代号表

（表 12.5）

材料	代号	材料	代号	材料	代号	材料	代号
大理石	MAR	塑铝板	SL				
花岗石	GR	石膏板	GB				
石灰岩	LIM	三夹板	PLY-03				
木材	WD	五夹板	PLY-05				
木地板	FL	九夹板	PLY-09				
防火板	FW	十二夹板	PLY-12				
涂料，油漆	PT	细木工板	PLY-18				
皮革	PG	轻钢龙骨	QL				
布艺	V	设备	EQP				
家私布艺	FV	灯光	LT				
窗帘	WC	灯饰	LL				
壁纸	WP	陈设品	DEC				
壁布	WV	人造石	MS				
地毯	CPT	卫浴	SW				
瓷砖	CEM	窗帘杆	CR				
马赛克	MOS						
玻璃	GL						
不锈钢	SST						
钢	ST						
铜	BR						
熟铁	WI						
铝合金	LU						
金属	H						
压克力	AKL						
可丽耐	COR						

12.6 家具代号表

（表 12.6）

家具	英文名称	代号	家具	英文名称	代号
沙发	SOFA	SF	角几	END TABLE	ET
中小型沙发椅	SETTEE	ST	圆几	ROUND END TABLE	RET
双人沙发	LOVESEAT	LST	背几	SOFA BACK TABLE	SBT
			入口	CONSOLE TABLE	CST
椅子	CHAIR	C	条几	CONSOLE	CS
扶手椅	ARMS CHAIR	AC			
餐椅	DINING CHAIR	DC	柜子	CABINTS	CB
梳妆椅	VANITY CHAIR	VC	边柜	SIDE CABINT	SCB
躺椅/休闲椅	LOUNGE CHAIR	LC	文件柜	FILE CABINT	FCB
吧椅	BAR CHAIR	BC	电视柜	T. V. ARMOIRE	TV
书桌椅	DESK CHAIR	DSC	茶水柜/备餐柜	BUFFET	BF
贵宾椅	GUEST CHAIR	GC	陈列柜	DISPLAY CABINT	DCB
（正式的）座椅	ACCENT CHAIR	ACC	书柜	BOOK CASE	BCS
会议椅	CONFERENCE CHAIR	CFC	矮柜	LOW CABINT	LCB
			衣柜	CHEST OF DRAWERS	COD
桌子	TABLE	T	碗橱	CUPBOARD	CPB
餐桌	DINING TABLE	DT			
圆桌	ROUND TABLE	RT	凳子	STOOL	ST
边桌	SIDE TABLE	ST	长条凳	BENCH	BC
会议桌	CONFERENCE TABLE	CFT	床尾凳	BENCH BED	BB
棋牌桌	CARD TABLE	CDT	沙发凳	OTTOMAN	OTM
梳妆桌	VANITY TABLE	VT			
办公桌/书桌	DESK	D	床	BED	B
咖啡桌	COFFEE TABLE	CT	床头柜	BED SIDE TABLE	BST
中心桌坛	CENTER TABLE	CTT	枕头/靠垫	PILLOW	PL
宴会桌	BANQUET TABLE	BT			
接待台	RECEPTION DESK	RS	镜子	MIRROR	M
书桌/写字桌	WRITING TABLE	WT	箱子	CHEST	CST
			屏风	SCREEN	SC
茶几	TEA TABLE	TT	镜框	FRAME	F

13. 标 高 设 定

13.1 建筑标高与室内标高

建筑标高为单一正向标高系统，室内标高为正、反双向标高系统，室内标高较建筑标高更为复杂。

建筑标高是基于一个基始点，即 ±0.000 为起算点的绝对标高。绝对标高只能具备唯一个基始点。室内标高在建筑绝对标高基础上，反映的是每一空间内直观的高度体验，由此将产生若干个标高基始点，即相对标高系统。同时室内标高的特殊性还表现为，在同一空间中有两个标高概念，即地坪（平面）标高和顶面标高。而所有的顶面标高，都基于该平顶覆盖下的主地坪为相对起算点。因此，室内相对标高还可分为相对正向系统和相对反向系统两方面。

由于该两方面标高所承载的表述功能不同，同时又需将相对标高纳入绝对建筑标高的设定之中，这就构成了室内设计标高设定的复杂性。解决这复杂性需导入新的标高概念，既满足整体的绝对标高系统，又满足局部空间实际尺度的相对标高系统，即混合标高的表述法。

13.2 标高基始点与标高区域设定

设定标高，首先从设定标高基始点开始，即 ±0.000 起算点。建筑标高为绝对标高，只能设定唯一 ±0.000 起算点。若在同一楼面区域中存在地坪落差，刚以 ±0.000 基始点的地坪为主地坪。室内复杂空间按区域需要，可设若干标高基始点，有一个基始点，即意味着一个标高区域的成立。每一个独立的区域，只能拥有该区域唯一的基始点，来构成其相对独立的标高系统，并明确在多大空间范围内共享该基始点。最终将这些相对独立的标高子系统纳入一个更大区域的绝对母系统中，即建筑绝对标高系统（图 13.2）。

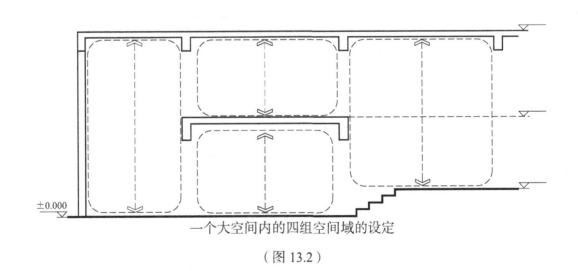

一个大空间内的四组空间域的设定

（图 13.2）

13.3 标高符号及概念应用

13.3.1 基本标高：基本标高就是用于反映空间标高的最常见的基础符号，并可同其他相关符号共同构成相应的标高概念。

 ▽ □□□□(m) 　以基始点为依据，表述建筑高度的正向标高符号，用于平面、地坪、剖立面、节点图中，以米（m）为单位，精确到小数点后三位读数。

 △ □□□□(m) 　以基始点为依据，表述顶棚高度的反向标高符号，用于平顶、剖立面、节点图中，以米（m）为单位，精确到小数点后三位读数。

13.3.2 绝对标高：绝对标高首先设定标高基始点。我们将唯一基始点作为起算点的标高系统，视为绝对标高。绝对标高包括建筑标高和结构标高。在基始点 ±0.000 以上的为正数，以下为负数，一般建筑标高通常以首层地坪完成面为基始点。

FL　　　表述建筑绝对标高的缩写，系指建筑地坪完成面标高，以 ±0.000 为起算点。

SL　　　表述建筑结构绝对标高的缩写，系指扣除整浇层及饰面层后的结构层标高。通常低于建筑若干厘米（cm）（无固定尺寸）。结构标高同样以 ±0.000 为起算点。

通常建筑地坪已考虑到地坪装修层厚度，因此建筑标高通常就是室内装修地坪完成面的标高（图 13.3.2-a）。

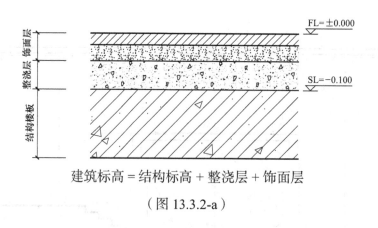

建筑标高 = 结构标高 + 整浇层 + 饰面层

（图 13.3.2-a）

$\underline{\nabla}$ FL=□□□□(m)

建筑绝对标高符号,以米(m)为单位,表示被注楼层与基始点的绝对高度尺寸,通常 FL 可在符号中省略。可运用于平面图、地坪图、立面图、剖面图、节点详图(图 13.3.2-b、图 13.3.2-c、图 13.3.2-d)。

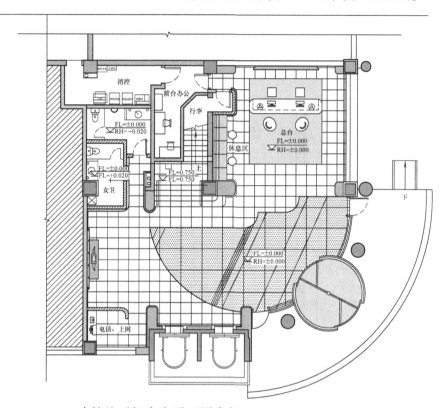

建筑绝对标高在平面图中的运用(图 13.3.2-b)

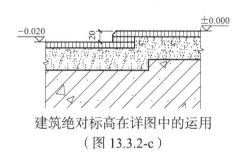

建筑绝对标高在详图中的运用
(图 13.3.2-c)

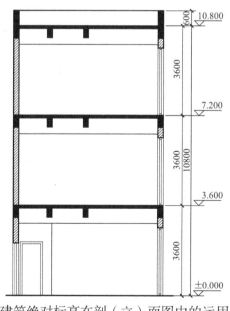

建筑绝对标高在剖(立)面图中的运用
(图 13.3.2-d)

建筑顶棚的绝对标高符号，表示被注顶棚与基始点的绝对高度尺寸，以米（m）为单位，可运用于平顶图、立面图、剖面图、节点详图（图13.3.2-e、图13.3.2-f、图13.3.2-g）。但在多层面多空间的情况下，由于绝对高度并不直接反映该室内顶棚的实际高度需求，所以一般不使用该符号。

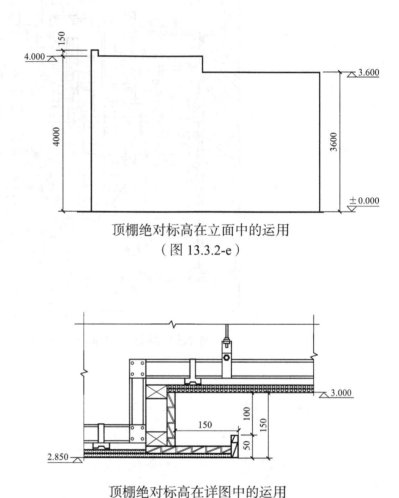

顶棚绝对标高在立面中的运用
（图13.3.2-e）

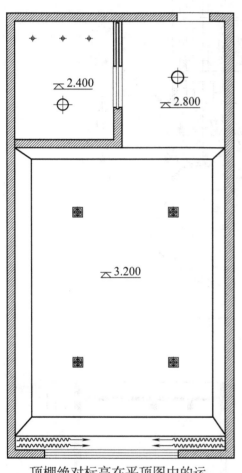

顶棚绝对标高在平顶图中的运用（图13.3.2-f）

顶棚绝对标高在详图中的运用
（图13.3.2-g）

SL=□□□□(m) 结构绝对标高符号，以米（m）为单位，可运用于平面图、地坪图、节点详图、剖面图。

13.3.3 相对标高：在建筑绝对标高的基始点外，依据不同区域的设计范围，可另行设定标高起算点，以便反映各室内顶棚的真实层高。我们将不同绝对标高的区域地坪作为起算点的标高系统，称为相对标高。相对标高同样分正向标高和反向标高。因室内空间相对独立，在多层面、多区域的室内空间中，会产生若干相对基始点，来满足每一室内空间对各自层高的表述。

RH 相对地坪标高代号。相对地坪 RH 的起算点均为 ±0.000。通常以该楼层电梯厅地坪完成面为起算点（或以该楼层主地坪完成面为起算点），以米（m）为单位。RH 不能独立使用，需同 FL 共同使用。RH 的意义在于表达相对应地坪上的立面及平顶高度。

CH 相对顶棚标高代号，系指顶棚至该主地坪 RH=±0.000 的垂直高度，以毫米（mm）为单位。所谓主地坪，系指在同一层面中，当地坪有不同高度，以反映建筑楼层地坪标高的这一地坪面为主地坪。CH 可独立使用，即 CH=□□□ mm。也可与反向标高符号共同构成相对平顶标高： CH=□□□□(mm) 该符号可运用于平顶图、剖（立）面图、节点详图中。相对顶棚标高的作用，能直观反映室内顶棚高度。（图 13.3.3-a、图 13.3.3-b、图 13.3.3-c）

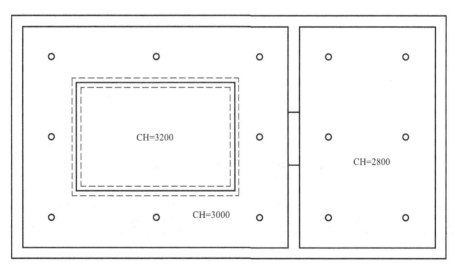

相对平顶标高在平顶图中的运用

（图 13.3.3-a）

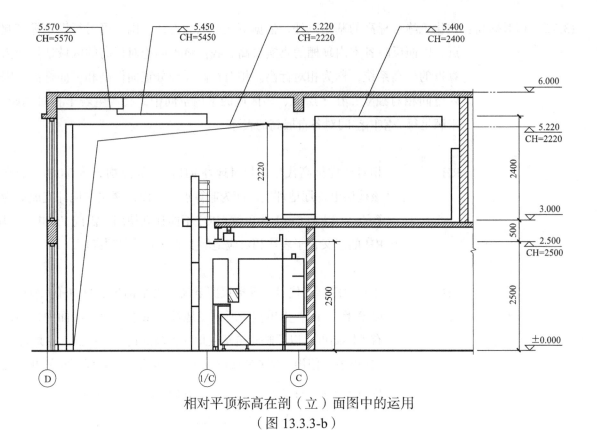

相对平顶标高在剖（立）面图中的运用
（图 13.3.3-b）

相对平顶标高在详图中的运用
（图 13.3.3-c）

13.3.4 综合标高：我们将绝对标高和相对标高同时被表达出来的标高形式，称为综合标高。综合标高既反映出该点的绝对高度，也真实表达出该点局部高度的尺度概念。对于多区域多楼层的室内设计，综合标高是室内设计最科学的表述方式，综合标高同样分为正向标高和反向标高两种形式。

FL=□□□□(m)
RH=□□□□(m)　正向综合标高，表示被注地坪（平面）所处的绝对标高和相对标高的双重概念，该符号可运用于平面图、地坪图、（剖）立面图、节点详图（图 13.3.4-a、图 13.3.4-b、图 13.3.4-c）。

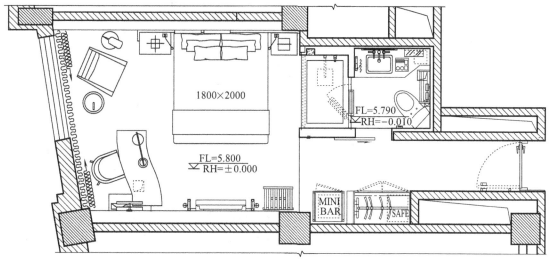

正向综合标高在平面图中的运用
（图 13.3.4-a）

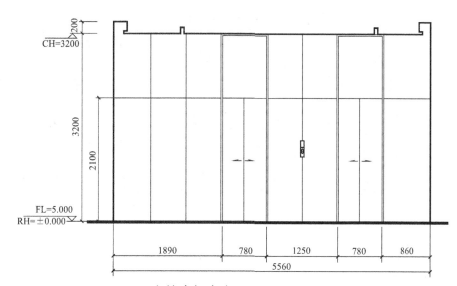

正向综合标高在立面图中的运用
（图 13.3.4-b）

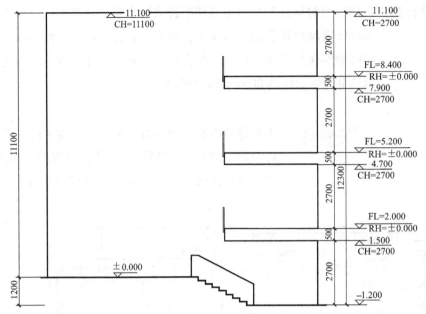

正、反向综合标高在剖面图中的运用（图 13.3.4-c）

反向综合标高，表示被注平顶所处的绝对标高，与该 RH 主地坪相对应的室内顶棚相对标高的双重概念。除共享空间特殊需要外，因所有 CH 都有相对应的 RH 正向综合标高概念所限定，所以，一般较少使用该符号。该符号可运用于平顶图、（剖）立面图、节点详图（图 13.3.4-c、图 13.3.4-d、图 13.3.4-e、图 3.3.4-f）。

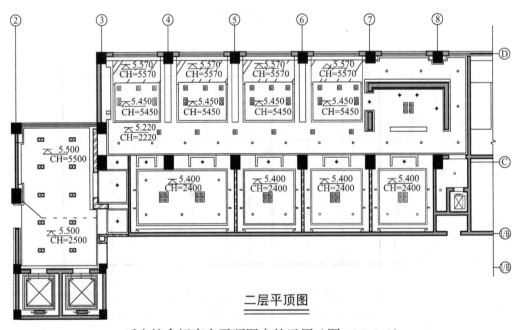

二层平顶图

反向综合标高在平顶图中的运用（图 13.3.4-d）

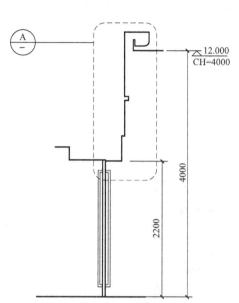

反向综合标高在剖面图中的运用（图 13.3.4-e）

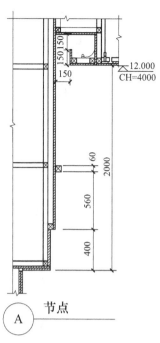

节点

反向综合标高在详图中的运用（图 13.3.4-f）

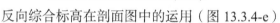

综合标高是室内设计极为重要的标高概念，反向综合标高基本被应用于对共享空间的表达，因此又可被称为共享（平顶）标高。当同一水平高度的平顶，覆盖不同区域的地坪高度时，必须采用该标高形式，以清晰反映出同一绝对水平高度中所包含着不同的区域层高（图 13.3.4-g）。图中虚线圈出部分为不同标高区域设定。

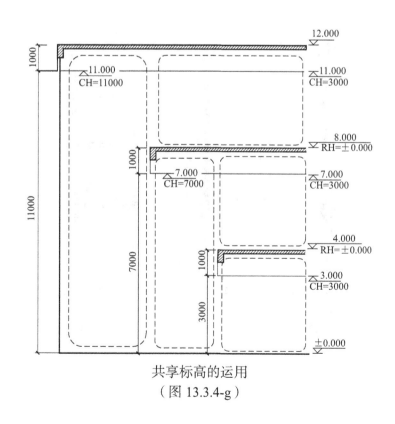

共享标高的运用

（图 13.3.4-g）

综合标高，也能反映出该空间位置的相对基始点，进而表达出该基点空间的实际层高，以细化各楼层、各空间区域的标高表达，使各相对独立空间的标高更易解读，方便施工图表达和现场操作。当同一平面、平顶、适用于不同楼层时，可将综合标高中的绝对标高依次叠加表述，如：

FL = 9.000
FL = 5.000
RH= ±0.000

12.000
8.000
CH = 3000

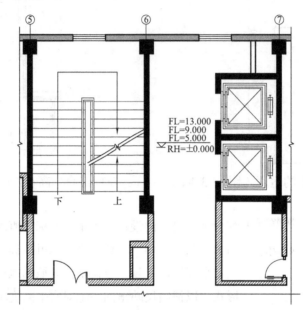

绝对标高在平面图中的叠加运用（图13.3.4-h）

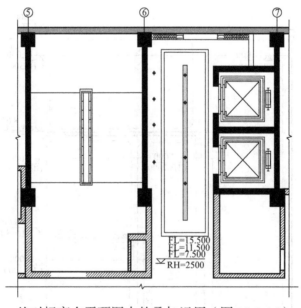

绝对标高在平顶图中的叠加运用（图13.3.4-i）

13.4 名词解释与符号概念

±0.000	标高基始点	
▽ ————	正向标高符号	平、立、剖、详
△ ————	反向标高符号	顶、立、剖、详
FL	系指该地坪完成面与建筑绝对标高设定的 ±0.000 基始点间的标高距离	
SL	系指结构层（扣除整浇层及饰面层）与设定基始点 ±0.000 间的标高距离	
RH	区域地坪相对标高。常以区域电梯厅地坪完成面为基始点，或区域主地坪完成面为基始点	不独立使用
CH	区域平顶层高。以顶棚至该区域 RH=±0.000 之间的高度距离	顶、立、剖、详
▽ FL=————	建筑绝对标高	平、立、剖、详
▽ SL=————	结构绝对标高	平、立、剖、详
▽ FL= RH=±0.000	正向综合标高	平、立、剖、详
△ (m) CH=___(mm)	反向综合标高／共享标高	顶、立、剖、详

13.5 标高概念与代号应用一览表

	代号	名称概念	应用
基础代号	±0.000	标高设定基始点	
	FL:	建筑平面 地坪完成面与标高设定起算点的距离	
	SL:	结构平面 结构楼板面与标高设定起算点的距离	
	RH:	区域平面相对标高	
	CH:	区域顶棚标高（高度）与区域 RH 起算点的距离	
基础符号	▽	正向标高：以米（m）为单位、基始点以上为正数	平、立、剖、节
	△	反向标高：以米（m）为单位、基始点以下为负数	顶、立、剖、节
绝对标高	▽ FL=	建筑绝对标高	平、立、剖、节
	▽ SL=	结构绝对标高	平、剖、节
	△	顶棚绝对标高	顶、立、剖、节
相对标高	RH=	相对地坪、平面标高	顶、立、剖、节
	CH=	相对顶棚标高	不单独应用
综合标高	▽ FL=／RH=	正高综合标高	平、立、剖、节
	△ CH=	反向综合标高	顶、立、剖、节

14. 图块分类系统索引（含数字资源）

* 本章图纸（含 *.jpg 与 *.dwg 格式）可登录线上资源平台观看与下载，具体操作见 "15. 线上资源图库使用方法"。

14.1沙发类(BAGUS沙发)

01平面　01正立面
02平面　02正立面　02侧立面
03平面　03正立面　03侧立面
04平面　04正立面　04侧立面
05平面　05正立面
06平面　06正立面
07平面　07正立面
08平面　08正立面

01侧立面

09平面　09正立面　09侧立面
10平面　10斜立面　10侧立面
11平面　11斜立面　11侧立面
12平面　12斜立面
13平面　13正立面
14平面　14正立面

138

01平面	01正立面	01侧立面	02平面	02斜立面	02侧立面	15平面	15正立面	15侧立面	16平面	16正立面	16侧立面
03平面	**03正立面**	**03侧立面**	**04平面**	**04正立面**	**04侧立面**	**17平面**	**17正立面**	**17侧立面**	**18平面**	**18正立面**	**18侧立面**
05平面	**05正立面**	**05侧立面**	**06平面**	**06正立面**	**06侧立面**	**19平面**	**19正立面**	**19侧立面**	**20平面**	**20正立面**	**20侧立面**
07平面	**07正立面**	**07侧立面**	**08平面**	**08正立面**	**08侧立面**	**21平面**	**21正立面**	**21侧立面**	**22平面**	**22正立面**	**22侧立面**
09平面	**09正立面**	**09斜立面**	**10平面**	**10正立面**	**10侧立面**	**23平面**	**23正立面**	**23侧立面**	**24平面**	**24正立面**	**24侧立面**
11平面	**11正立面**	**11斜立面**	**11侧立面**			**25平面**	**25正立面**	**25侧立面**	**26平面**	**26正立面**	**26侧立面**
12平面	**12正立面**	**12斜立面**	**12侧立面**			**27平面**	**27正立面**	**27侧立面**	**28平面**	**28正立面**	**28侧立面**
13平面	**13正立面**	**13斜立面**	**13侧立面**			**29平面**	**29正立面**	**29侧立面**	**30平面**	**30正立面**	**30侧立面**
14平面	**14正立面**	**14斜立面**	**14侧立面**			**31平面**	**31正立面**	**32平面**	**32正立面**	**32侧立面**	

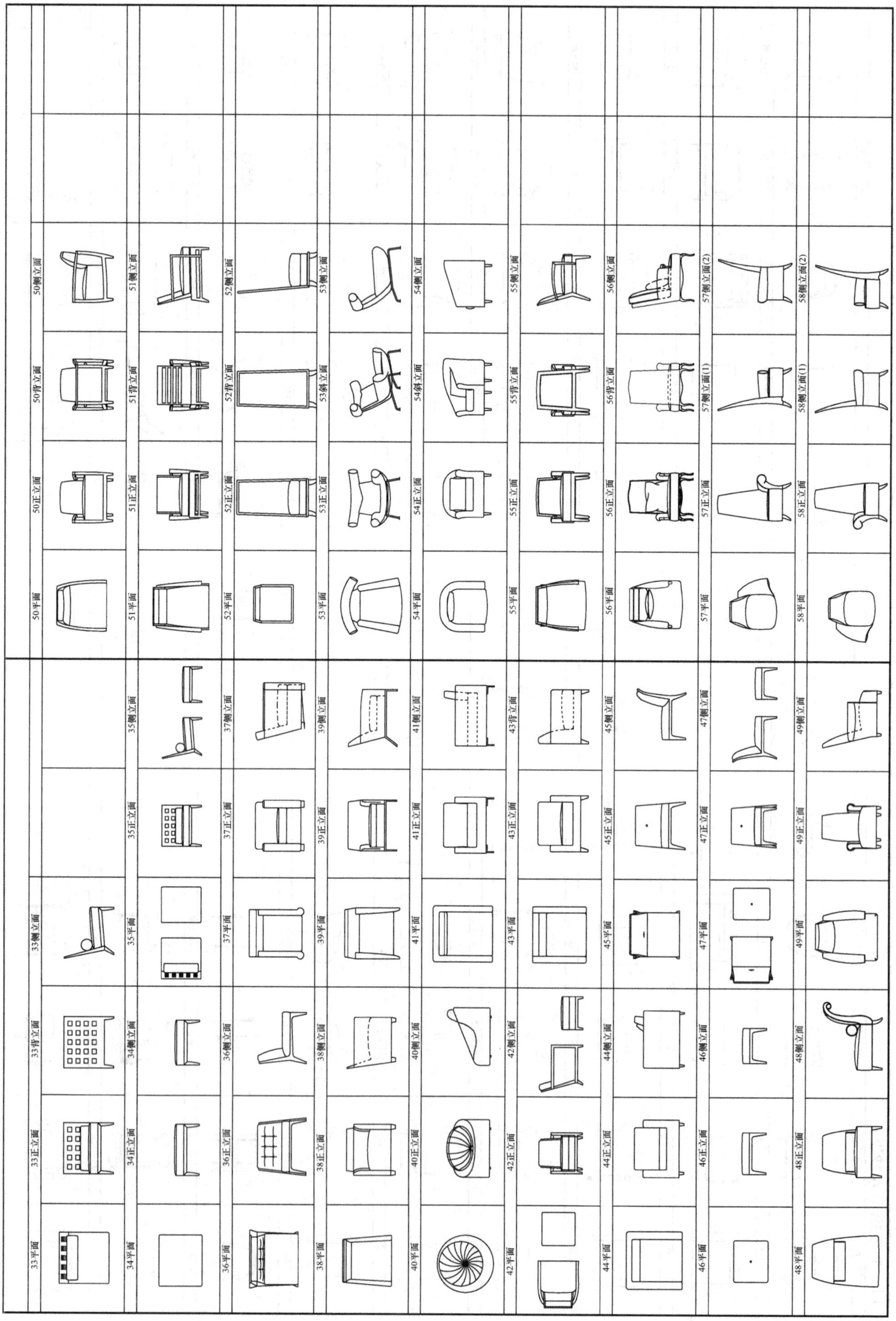

33平面
33正立面
33背立面
33侧立面
34平面
34正立面
34侧立面
35平面
35正立面
35侧立面
36平面
36正立面
36侧立面
37平面
37正立面
37侧立面
38平面
38正立面
38侧立面
39平面
39正立面
39侧立面
40平面
40正立面
40侧立面
41平面
41正立面
41侧立面
42平面
42正立面
42侧立面
43平面
43正立面
43背立面
44平面
44正立面
44侧立面
45平面
45正立面
45侧立面
46平面
46正立面
46侧立面
47平面
47正立面
47侧立面
48平面
48正立面
48侧立面
49平面
49正立面
49侧立面
50平面
50正立面
50背立面
50侧立面
51平面
51正立面
51背立面
51侧立面
52平面
52正立面
52背立面
52侧立面
53平面
53正立面
53斜立面
53侧立面
54平面
54正立面
54斜立面
54侧立面
55平面
55正立面
55背立面
55侧立面
56平面
56正立面
56背立面
56侧立面
57平面
57正立面
57侧立面(1)
57侧立面(2)
58平面
58正立面
58侧立面(1)
58侧立面(2)

14.1 沙发类（多人沙发）

01侧立面	02侧立面	03侧立面	04侧立面	05侧立面	06侧立面	07侧立面	08侧立面
01正立面	02正立面	03正立面	04正立面	05正立面	06正立面	07正立面	08正立面
01平面	02平面	03平面	04平面	05平面	06平面	07平面	08平面

60侧立面	62侧立面	64侧立面					
60正立面	62正立面	64正立面	66正立面				
60平面	62平面	64平面	66平面	67侧立面			
59侧立面	61侧立面	63侧立面	65侧立面	67背立面	68侧立面		
59正立面	61正立面	63正立面	65正立面	67正立面	68正立面		
59平面	61平面	63平面	65平面	67平面	68平面		

141

141

17侧立面	17正立面	17平面
18侧立面	18正立面	18平面
19侧立面	19正立面	19平面
20侧立面	20正立面	20平面
21侧立面	21正立面	21平面
22侧立面	22正立面	22平面
24平面	23正立面	23平面
24侧立面	24斜立面	24正立面

09侧立面	09正立面	09平面
10侧立面	10正立面	10平面
11侧立面	11正立面	11平面
12侧立面	12正立面	12平面
13侧立面	13正立面	13平面
14侧立面	14正立面	14平面
15侧立面	15正立面	15平面
16侧立面	16正立面	16平面

33侧立面(1)		33侧立面(2)		34侧立面(1)		34侧立面(2)		35侧立面(1)		35侧立面(2)		36侧立面(1)		36侧立面(2)	
33平面		33正立面		34平面		34正立面		35平面		35正立面		36平面		36正立面	
25侧立面		26侧立面		27侧立面		28侧立面		29侧立面		30侧立面		31侧立面		32侧立面	
25正立面		26正立面		27正立面		28正立面		29正立面		30正立面		31正立面		32正立面	
25平面		26平面		27平面		28平面		29平面		30平面		31平面		32平面	

43侧立面	44侧立面	45侧立面	46侧立面	47侧立面	48侧立面	49侧立面	50侧立面
43正立面	44正立面	45正立面	46正立面	47正立面	48正立面	49正立面	50正立面
43平面	44平面	45平面	46平面	47平面	48平面	49平面	50平面

37侧立面(1)	37侧立面(2)	38侧立面(1)	38侧立面(2)	39侧立面	40侧立面	41侧立面	42侧立面
37正立面	37正立面	38平面	38正立面	39正立面	40正立面	41正立面	42正立面
37平面				39平面	40平面	41平面	42平面

	59 侧立面		60 侧立面									
	59 正立面		60 正立面		61 正立面		61 侧立面(2)					
	59 平面		60 平面		61 平面		61 侧立面(1)					
	51 侧立面		52 侧立面		53 侧立面		54 侧立面		55 侧立面		56 侧立面		57 侧立面		58 侧立面
	51 正立面		52 正立面		53 正立面		54 正立面		55 正立面		56 正立面		57 正立面		58 正立面
	51 平面		52 平面		53 平面		54 平面		55 平面		56 平面		57 平面		58 平面

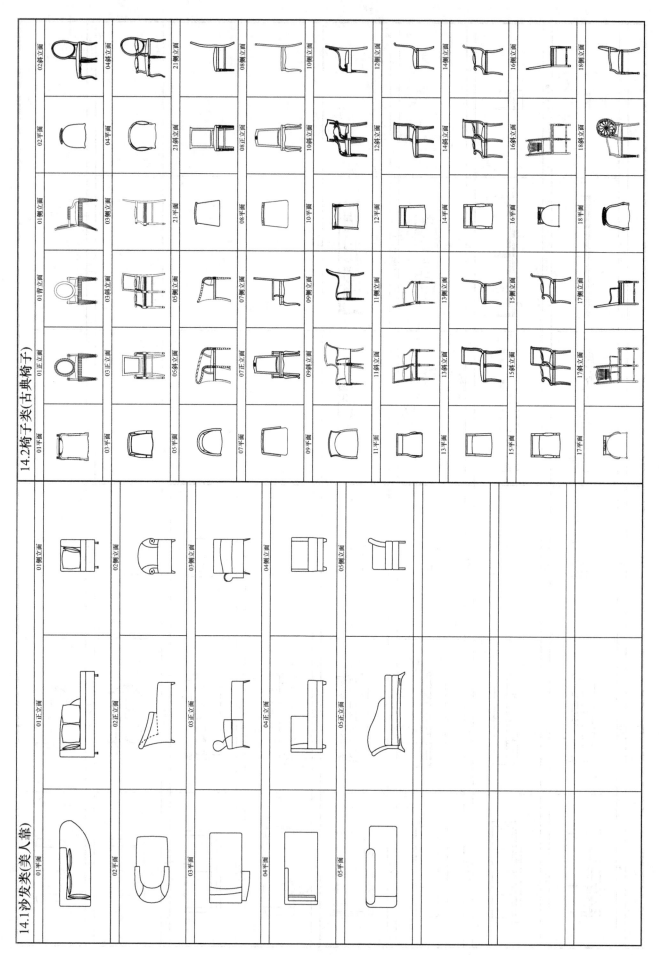

146

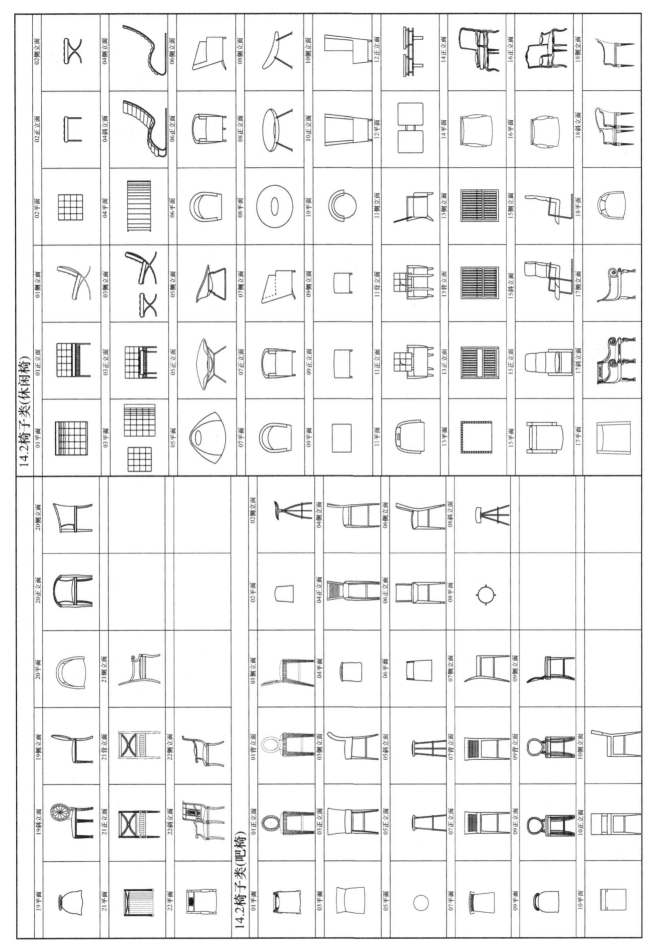

14.2椅子类(休闲椅)

14.2椅子类(吧椅)

14.2 椅子类（餐椅、咖啡椅）

44侧立面	46侧立面	48侧立面	50侧立面	52侧立面	54侧立面			
44正立面	46正立面	48正立面	50正立面	52正立面	54正立面			
44平面	46平面	48平面	50平面	52平面	54平面	55侧立面	56侧立面	57侧立面
43侧立面	45侧立面	47侧立面	49侧立面	51侧立面	53侧立面	55背立面	56背立面	57背立面
43正立面	45正立面	47正立面	49正立面	51正立面	53正立面	55正立面	56正立面	57正立面
43平面	45平面	47平面	49平面	51平面	53平面	55平面	56平面	57平面

34侧立面	35侧立面	36侧立面	37侧立面	38侧立面	39侧立面	40侧立面	41侧立面	42侧立面
34背立面	35斜立面	36斜立面	37斜立面	38斜立面	39斜立面	40斜立面	41斜立面	42斜立面
34正立面	35正立面	36正立面	37正立面	38正立面	39正立面	40正立面	41正立面	42正立面
34平面	35平面	36平面	37平面	38平面	39平面	40平面	41平面	42平面

58平面　58正立面　58背立面　58侧立面
59平面　59正立面　59背立面　59侧立面
60平面　60正立面　60背立面　60侧立面
61平面　61正立面　61背立面　61侧立面
62平面　62正立面　62背立面　62侧立面
63平面　63正立面　63背立面　63侧立面
64平面　64正立面　64背立面　64侧立面
65平面　65正立面　65背立面　65侧立面
66平面　66正立面　66背立面　66侧立面

67平面　67正立面　67背立面　67侧立面
68平面　68正立面　68背立面　68侧立面
69平面　69正立面　69背立面　69侧立面
70平面　70正立面　70背立面　70侧立面
71平面　71正立面　71背立面　71侧立面
72平面　72正立面　72侧立面
73平面　73背立面　73正立面　73侧立面
74平面　74正面　74侧立面
75平面　75正面　75侧立面
76平面　76正立面　76侧立面
77平面　77正立面　77侧立面
78平面　78正立面　78斜立面　78背立面　78侧立面
79平面　79正立面

14.3桌子类（餐桌）

01正立面	02正立面	02平面	01平面
03正立面	04正立面	04平面	03平面
05正立面	06正立面	06平面	05平面
07正立面	08正立面	08平面	07平面
09正立面	10正立面	10平面	09平面
11正立面	12正立面	12平面	11平面
13正立面	14正立面	14平面	13平面
15正立面	16正立面	16平面	15平面

80侧立面	80背立面	80正立面	80平面
81侧立面	81背立面	81正立面	81平面
82侧立面	82背立面	82正立面	82平面
83侧立面	83背立面	83正立面	83平面
84侧立面	84背立面	84正立面	84平面

14.3 桌子类(咖啡桌)

14.3 桌子类(装饰桌子)

01平面　01正立面　02平面　02正立面　03平面　03正立面
04平面　04正立面　05平面　05正立面　06平面　06正立面
01平面　01正立面　02平面　02正立面　03平面　03正立面
04平面　04正立面　05平面　05正立面　06平面　06正立面
07平面　07正立面　07侧立面　08平面　08正立面　09平面　09正立面

17平面　17正立面　17侧立面
18平面　18正立面　18侧立面
19平面　19正立面　19侧立面
20平面　20正立面　20侧立面
21平面　21正立面　21侧立面
22平面　22正立面

14.3桌子类(书桌)

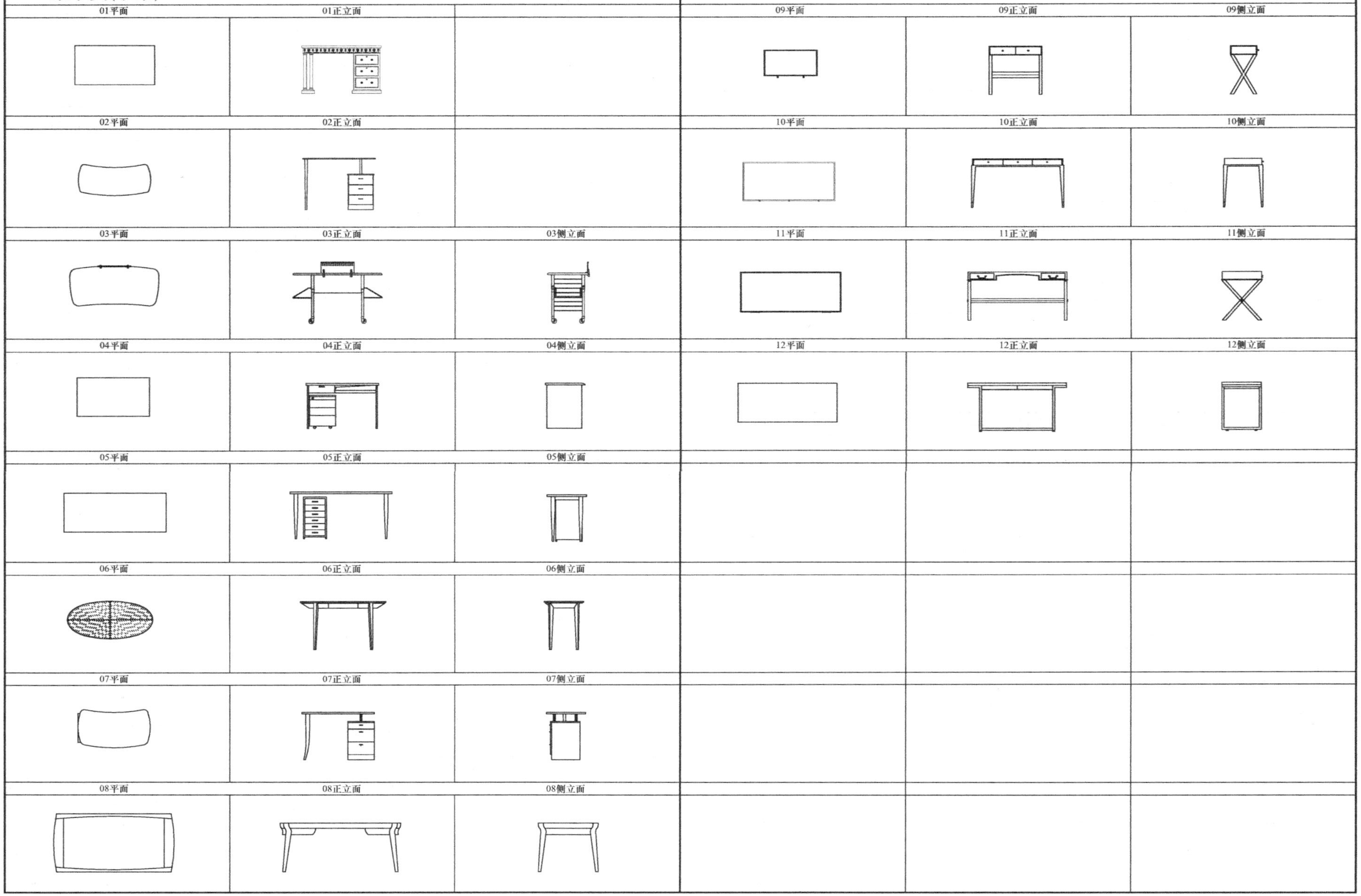

| 09平面 | 01正立面 | 03侧立面 | 09侧立面 | 09正立面 |
| 09平面 | 02正立面 | 04侧立面 | 10侧立面 | 10正立面 |

01平面 02平面 03平面 04平面 05平面 06平面 07平面 08平面
01正立面 02正立面 03正立面 04正立面 05正立面 06正立面 07正立面 08正立面
03侧立面 04侧立面 05侧立面 06侧立面 07侧立面 08侧立面

09平面 10平面 11平面 12平面
09正立面 10正立面 11正立面 12正立面
09侧立面 10侧立面 11侧立面 12侧立面

14.4 几案类(边桌)

14.4 几案类(条几)

14.5柜类(电视柜)

01平面	01正立面	02平面	09平面	09正立面	09侧立面	
03平面	03侧立面	03正立面	10平面	10正立面	10侧立面	
04平面(34寸)	04侧立面(34寸)	04正立面(34寸)	11平面	11正立面	11侧立面	
05平面(29寸)	05侧立面(29寸)	05正立面(29寸)	12平面	12正立面	12侧立面	
06平面(25寸)	06侧立面(25寸)	06正立面(25寸)	13平面	13正立面	13侧立面	
07平面(29寸)	07侧立面(29寸)	07正立面(29寸)	14平面	14正立面	14侧立面	
08平面(29寸)	08侧立面(29寸)	08正立面(29寸)	15平面	15正立面	15侧立面	

155

14.5柜类(高柜)

02正立面	02平面	01正立面	01平面
04正立面	04平面	03正立面	03平面
05侧立面	05平面	05正立面	05平面
06正立面	06平面		

16侧立面	16正立面	16平面
17侧立面	17正立面	17平面
18侧立面	18正立面	18平面

11正立面　11平面　10正立面　10平面

13正立面　13平面　12正立面　12平面

15正立面　15平面　14正立面　14平面

16侧立面　16背立面　16正立面　16平面

17侧立面　17背立面　17正立面　17平面

19正立面　19平面　18正立面　18平面

20侧立面　20正立面　20平面

21侧立面　21正立面　21平面

01侧立面　01正立面　01平面

02侧立面　02正立面　02平面

03侧立面　03正立面　03平面

05正立面　04平面/05平面

06侧立面　06正立面　06平面

07侧立面　07正立面　07平面

08侧立面　08正立面　08平面

09侧立面　09正立面　09平面

157

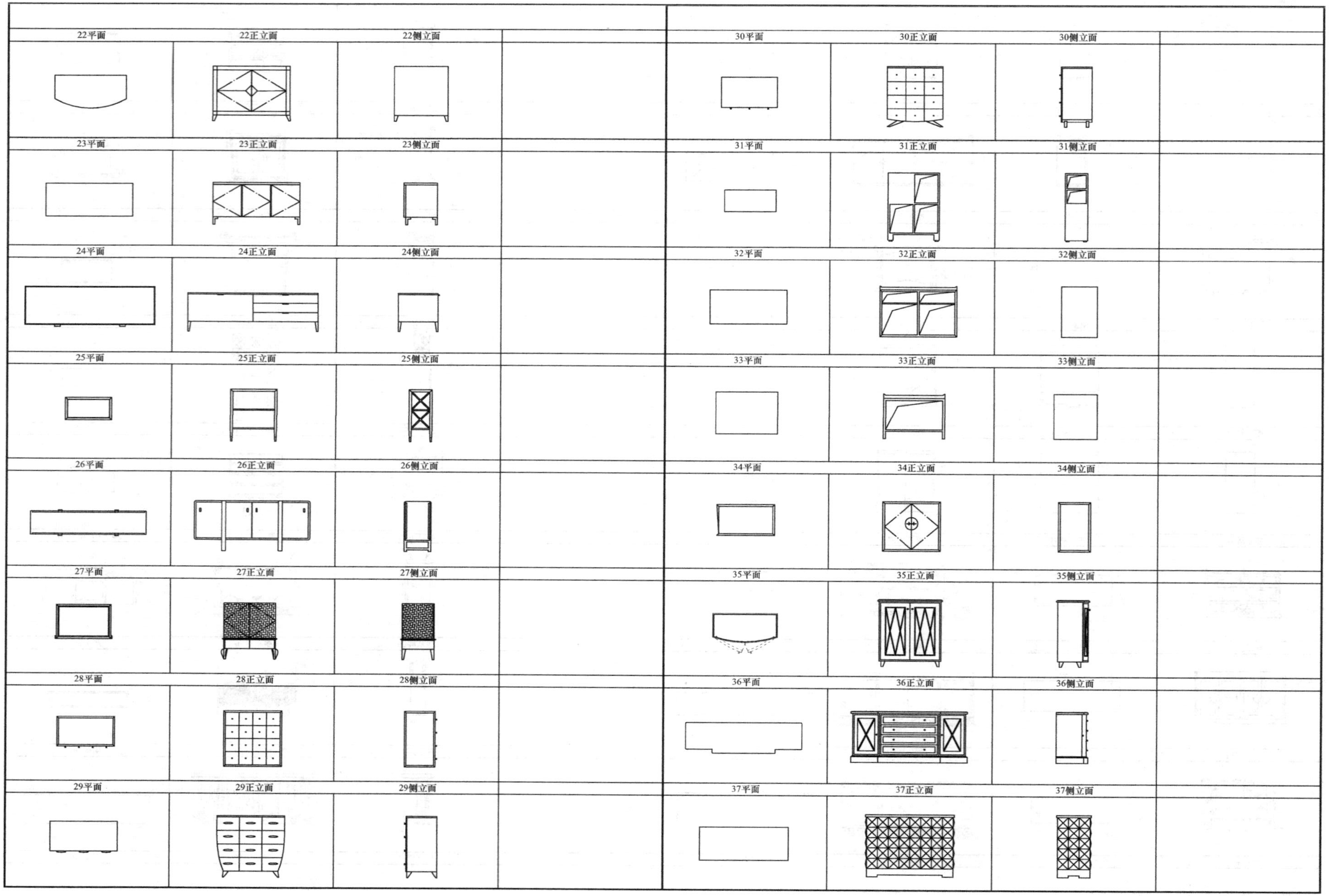
22平面
22正立面
22侧立面
23平面
23正立面
23侧立面
24平面
24正立面
24侧立面
25平面
25正立面
25侧立面
26平面
26正立面
26侧立面
27平面
27正立面
27侧立面
28平面
28正立面
28侧立面
29平面
29正立面
29侧立面
30平面
30正立面
30侧立面
31平面
31正立面
31侧立面
32平面
32正立面
32侧立面
33平面
33正立面
33侧立面
34平面
34正立面
34侧立面
35平面
35正立面
35侧立面
36平面
36正立面
36侧立面
37平面
37正立面
37侧立面

46侧立面 47侧立面 48侧立面 49侧立面

46正立面 47正立面 48正立面 49正立面

46平面 47平面 48平面 49平面

38侧立面 39侧立面 40侧立面 41侧立面 42侧立面 43侧立面 44侧立面 45侧立面

38正立面 39正立面 40正立面 41正立面 42正立面 43正立面 44正立面 45正立面

38平面 39平面 40平面 41平面 42平面 43平面 44平面 45平面

14.6 茶几类(茶几)

02侧立面	02正立面	02平面	01侧立面	01正立面	01平面
05正立面	05平面	04正立面	03侧立面	03正立面	03平面
07正立面(2)	07平面(2)	09平面	07侧立面(1)	07平面(1)	06正立面
09侧立面	09正立面	09平面	08侧立面	08正立面	08平面
11正立面	11侧立面	11平面	10侧立面	10正立面	10平面
13侧立面	13正立面	13平面	12侧立面	12正立面	12平面
16正立面	16平面	15正立面	15平面	14正立面	14平面
18侧立面	18正立面	18平面	17侧立面	17正立面	17平面
20侧立面	20正立面	20平面	19侧立面	19正立面	19平面

14.5 柜类(储物架)

01侧立面	01正立面	01平面
02侧立面	02正立面	02平面
03侧立面	03正立面	03平面
04侧立面	04正立面	04平面
05侧立面	05正立面	05平面

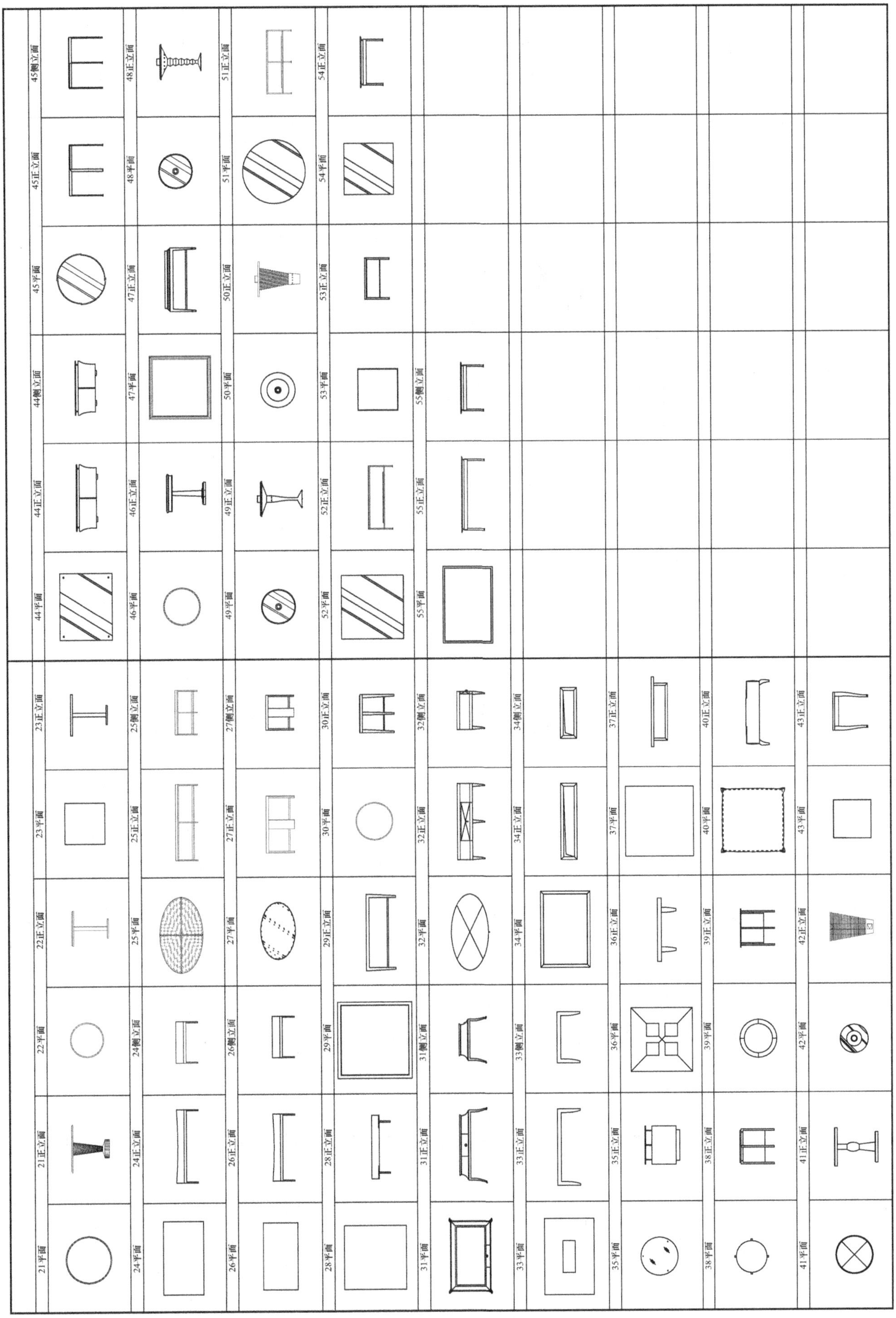
21平面
21正立面
22平面
22正立面
23平面
23正立面
24平面
24正立面
24侧立面
25平面
25正立面
25侧立面
26平面
26正立面
26侧立面
27平面
27正立面
27侧立面
28平面
28正立面
29平面
29正立面
30平面
30正立面
31平面
31正立面
31侧立面
32平面
32正立面
32侧立面
33平面
33正立面
33侧立面
34平面
34正立面
34侧立面
35平面
35正立面
36平面
36正立面
37平面
37正立面
38平面
38正立面
39平面
39正立面
40平面
40正立面
41平面
41正立面
42平面
42正立面
43平面
43正立面
44平面
44正立面
44侧立面
45平面
45正立面
45侧立面
46平面
46正立面
47平面
47正立面
48平面
48正立面
49平面
49正立面
50平面
50正立面
51平面
51正立面
52平面
52正立面
53平面
53正立面
54平面
54正立面
55平面
55正立面
55侧立面

14.6茶几类(角几)

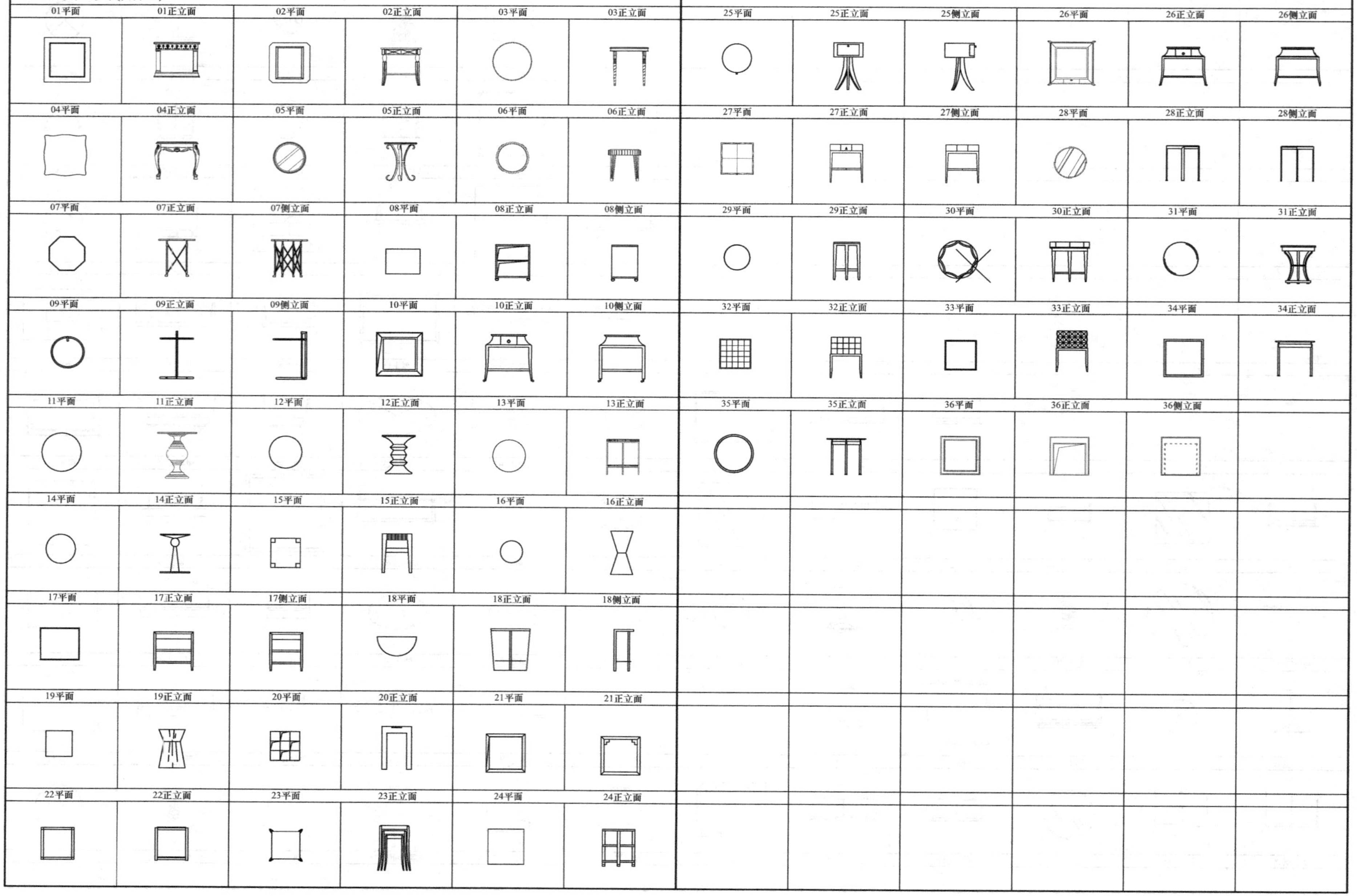
01平面
01正立面
02平面
02正立面
03平面
03正立面
25平面
25正立面
25侧立面
26平面
26正立面
26侧立面
04平面
04正立面
05平面
05正立面
06平面
06正立面
27平面
27正立面
27侧立面
28平面
28正立面
28侧立面
07平面
07正立面
07侧立面
08平面
08正立面
08侧立面
29平面
29正立面
30平面
30正立面
31平面
31正立面
09平面
09正立面
09侧立面
10平面
10正立面
10侧立面
32平面
32正立面
33平面
33正立面
34平面
34正立面
11平面
11正立面
12平面
12正立面
13平面
13正立面
35平面
35正立面
36平面
36正立面
36侧立面
14平面
14正立面
15平面
15正立面
16平面
16正立面
17平面
17正立面
17侧立面
18平面
18正立面
18侧立面
19平面
19正立面
20平面
20正立面
21平面
21正立面
22平面
22正立面
23平面
23正立面
24平面
24正立面

14.7 卧具类(床)

08側立面(双人床)	08正立面(双人床)	08平面(双人床)
09側立面(双人床)	09正立面(双人床)	09平面(双人床)
10側立面(双人床)	10正立面(双人床)	10平面(双人床)
11側立面(双人床)	11正立面(双人床)	11平面(双人床)
12側立面(双人床)	12正立面(双人床)	12平面(双人床)
13側立面(双人床)	13正立面(双人床)	13平面(双人床)

01側立面(单人床)	01正立面(单人床)	01平面(单人床)
02側立面(单人床)	02正立面(单人床)	02平面(单人床)
03側立面(单人床)	03正立面(单人床)	03正立面(单人床)
05正立面(双人床)	05平面(双人床)	04正立面(双人床)
06側立面(双人床)	06正立面(双人床)	06平面(双人床)
07側立面(双人床)	07正立面(双人床)	07平面(双人床)

14.7 卧具类(床头柜)

01平面	01正立面	02平面	02正立面	03平面	03正立面
04平面	04正立面	04侧立面	05平面	05正立面	05侧立面
06平面	06正立面	06侧立面	07平面	07正立面	07侧立面
08平面	08正立面	08侧立面	09平面	09正立面	09侧立面
10平面	10正立面	10侧立面	14平面	14正立面	14侧立面
12平面	12正立面	12侧立面	13平面	13正立面	13侧立面
11平面	11正立面				

14平面(双人床)	14正立面(双人床)	14侧立面(双人床)
15平面(双人床)	15正立面(双人床)	15侧立面(双人床)
16平面(双人床)	16正立面(双人床)	16侧立面(双人床)
17平面(双人床)	17正立面(双人床)	17侧立面(双人床)
18平面(双人床)	18正立面(双人床)	18侧立面(双人床)
19平面(双人床)	19正立面(双人床)	

14.8 红木家具类

01平面(案几) 01正立面(案几)
02平面(案几) 02正立面(案几) 02侧立面(案几)
03平面(案几) 03正立面(案几) 03侧立面(案几)
04平面(案几) 04正立面(案几) 04侧立面(案几)
05平面(架格) 05正立面(架格) 05侧立面(架格) 06正立面(架格)
06平面(架格) 06侧立面(架格)
07平面(柜子) 07正立面(柜子) 07侧立面(柜子) 08侧立面(柜子)
08平面(柜子) 08正立面(柜子)
09平面(柜子) 09正立面(柜子) 09侧立面(柜子)
10平面(柜子) 10正立面(柜子)

14.7 卧具类(床尾凳)

01平面 01正立面
02平面 02正立面 02侧立面
03平面 03正立面 03侧立面
04平面 04正立面 04侧立面
05平面 05正立面 05侧立面

14.9办公家具类(办公椅)

01平面	01正立面	01侧立面			02正立面	02侧立面
03平面	03正立面	03侧立面		04平面	04正立面	04侧立面
05平面	05正立面	05斜立面	05侧立面		05背斜立面	
06平面	06正立面	06斜立面	06侧立面			
07平面	07正立面	07斜立面	07侧立面			

11平面(椅子)	11正立面(椅子)	11背立面(椅子)	11斜立面(椅子)	11侧立面(椅子)
12平面(椅子)	12正立面(椅子)	12背立面(椅子)	12斜立面(椅子)	12侧立面(椅子)
13平面(椅子)	13正立面(椅子)	13背立面(椅子)	13斜立面(椅子)	13侧立面(椅子)
14平面(椅子)	14正立面(椅子)	14背立面(椅子)	14斜立面(椅子)	14侧立面(椅子)
15平面(坐凳)	15正立面(坐凳)	15斜立面(坐凳)	16正立面(坐凳)	16侧立面(坐凳)
17平面(香几)	17正立面(香几)	18平面(香几)	18正立面(香几)
19平面(角几)	19正立面(角几)	20平面(炕桌)	20正立面(炕桌)
21平面(花几)	21正立面(花几)	22平面(花几)	22正立面(花几)

14.9办公家具类(会议桌)

	01侧立面	01正立面	01平面
02	02侧立面	02正立面	02平面
03	03侧立面	03正立面	03平面
04	04侧立面	04正立面	04平面
05	05侧立面	05正立面	05平面
06	06侧立面	06正立面	06平面

14.9办公家具类(接待台)

	01背立面	01侧立面	01正立面	01平面
	02背立面	02侧立面	02正立面	02平面
	03侧立面(1)	03背立面	03正立面	03平面
				03侧立面(2)

167

14平面	14正立面	14侧立面	15平面	15正立面	15侧立面
16平面	16正立面	16侧立面	17平面	17正立面	17侧立面
18平面	18正立面	18侧立面	19平面	19正立面	19侧立面

07平面	07正立面	07侧立面	08平面	08正立面	08侧立面
09平面	09正立面	09侧立面	10平面	10正立面	10侧立面(1)	10侧立面(2)
11平面	11正立面	11侧立面(1)	11侧立面(2)
12平面	12正立面	13平面	13正立面

27正立面 29平面

27平面 28侧立面

26正立面 28正立面 30正立面

26平面 28平面 30平面

20侧立面 21侧立面 22侧立面 23侧立面 24侧立面 25侧立面

20正立面 21正立面 22正立面 23正立面 24正立面 25正立面

20平面 21平面 22平面 23平面 24平面 25平面

169

14.9 办公家具类(办公桌组合)

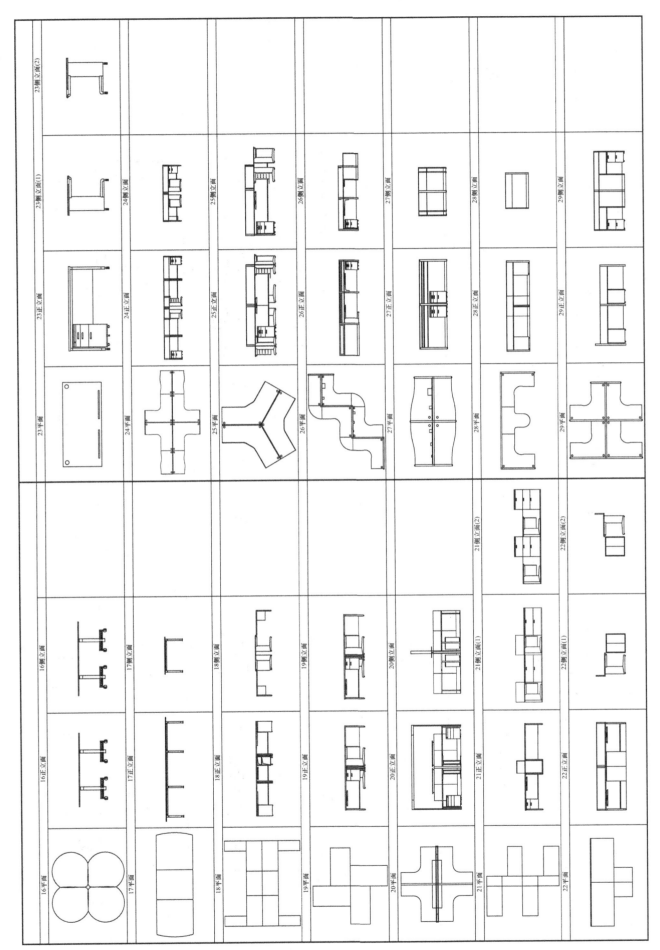

171

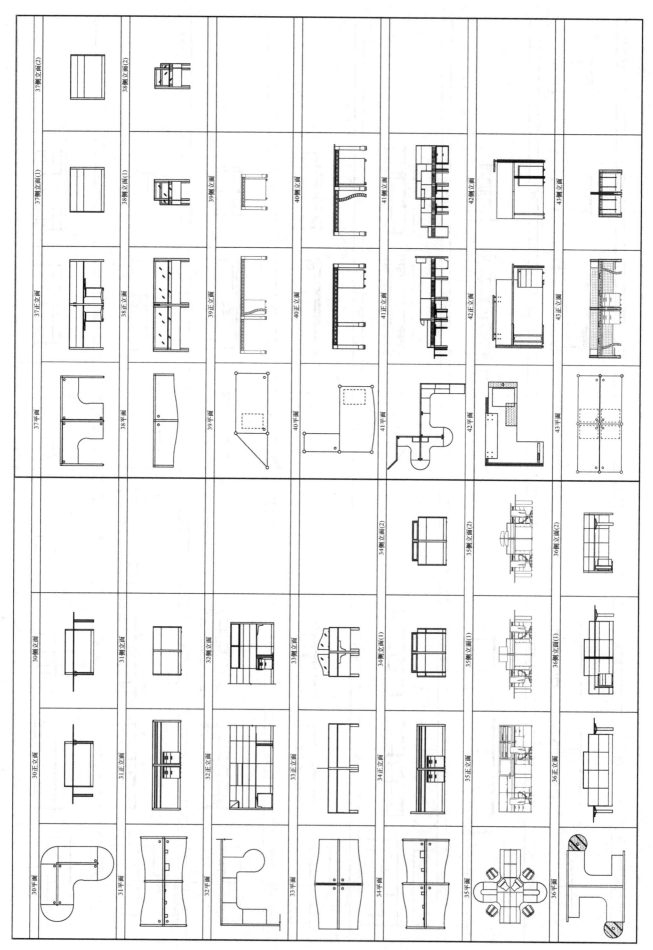

14.9 办公家具类(大/中班桌)

	07侧立面(2)	07侧立面(1)	07正立面	07平面
08侧立面(2)	08侧立面(1)	08正立面	08平面
09侧立面(2)	09侧立面(1)	09正立面	09平面
10侧立面(2)	10侧立面(1)	10正立面	10平面
11侧立面(2)	11侧立面(1)	11正立面	11平面
12侧立面(2)	12侧立面(1)	12正立面	12平面

01侧立面(2)	01侧立面(1)	01正立面	01平面
02侧立面(2)	02侧立面(1)	02正立面	02平面
03侧立面(2)	03侧立面(1)	03正立面	03平面
04侧立面(2)	04侧立面(1)	04正立面	04平面
05侧立面(2)	05侧立面(1)	05正立面	05平面
06侧立面(2)	06侧立面(1)	06正立面	06平面

19側立面(2)　20側立面(2)　21側立面(2)　22側立面(2)　23側立面(2)　24側立面(2)

19側立面(1)　20側立面(1)　21側立面(1)　22側立面(1)　23側立面(1)　24側立面(1)

19正立面　20正立面　21正立面　22正立面　23正立面　24正立面

19平面　20平面　21平面　22平面　23平面　24平面

13側立面(2)　14側立面(2)　15側立面(2)　16側立面(2)　17側立面(2)　18側立面(2)

13側立面(1)　14側立面(1)　15側立面(1)　16側立面(1)　17側立面(1)　18側立面(1)

13正立面　14正立面　15正立面　16正立面　17正立面　18正立面

13平面　14平面　15平面　16平面　17平面　18平面

174

32側立面(2)	32側立面(1)	33側立面
	32正立面	33正立面
	33正面	
32平面	33平面	

25側立面(1)	26側立面	27側立面(2)	29側立面	30側立面(1)	31側立面
25背立面	26正立面	27側立面(1)	29正立面	30背立面	31正立面
25正立面	26平面	27正立面	29平面	30正立面	31平面
25平面	25側立面(2)	27平面	28平面	30平面	30側立面(2)

14.10建筑构件类(窗、窗帘)

01正立面(窗)	07正立面(窗)	13正立面(窗)					
02正立面(窗)	08正立面(窗)	14正立面(窗)	18正立面(窗)	24侧立面(卷帘)			
03正立面(窗)	09正立面(窗)	15正立面(窗)	19正立面(窗)	25正立面(卷轴帘)			
04正立面(窗)	10正立面(窗)	16正立面(窗)	20正立面(窗帘)	23正立面(百折帘)			
05正立面(窗)	11正立面(窗)		21侧立面(百折帘)	22正立面(窗帘)			
06正立面(窗)	12正立面(窗)		22侧立面(窗帘)	26正立面(百页帘)			

20正立面(窗帘) 21正立面(百折帘) 22正立面(窗帘)
23正立面(卷轴帘) 24侧立面(卷帘) 25正立面(卷轴帘) 26正立面(百页帘)

14.10建筑构件类(门)

01平面(旋转门)	02平面(旋转门)	03平面(旋转门)	04平面(旋转门)	04正立面(旋转门)	
05平面(感应门)	06平面(感应门)	07平面(玻璃门)		
08平面(玻璃门)	08正立面(玻璃门)	09平面(玻璃门)	09正立面(玻璃门)	10平面(柜门)	
11平面(700宽单开门)	12平面(750宽单开门)	13平面(800宽单开门)	14平面(900宽单开门)	15平面(1200宽子母门)	16平面(1200双开门)
17平面(1400双开门)	18平面(1500双开门)	19正立面(双开门)	20正立面(单开门)	21正立面(单开门)	22正立面(双开门)
23正立面(单开门)	24正立面(双开门)	25正立面(单开门)	26正立面(单开门)	27正立面(单开门)	28正立面(子母门)
29正立面(双开门)	30正立面(双开门)	31正立面		

176

14.10建筑构件类(五金)

01(3号圆钉)	02(4号圆钉)	03(5号圆钉)	04(6号圆钉)	05(10号圆钉)	06(20沉头木螺钉)
07(30沉头木螺钉)	08(40沉头木螺钉)	09(50沉头木螺钉)	10(50麻花钉)	11(55麻花钉)	12(65麻花钉)
13(75麻花钉)	14(10十字槽沉头木螺钉)	15(20十字槽沉头木螺钉)	16(30十字槽沉头木螺钉)	17(40十字槽沉头木螺钉)	18(50十字槽沉头木螺钉)
19(11号水泥钉)	20(10号水泥钉)	21(8号水泥钉)	22(7号水泥钉)	23(M6×30半圆头木螺钉)	24(M6×40半圆头木螺钉)
25(M6×50半圆头螺栓)	26(M6×60半圆头螺栓)	27(M6×70半圆头螺栓)	28(10机丝)	29(M5×30六角头螺栓)	
30(M5×50六角头螺栓)	31(M5×70六角头螺栓)	32(M5×100六角头螺栓)	33(M6×65金属膨胀锚螺栓)	34(M6×90金属膨胀锚螺栓)	35(M6×100金属膨胀锚螺栓)
36(M6×130金属膨胀锚螺栓)	37(10螺钉)	38(30×30×4角铁)	39(40×40×3角铁)	40(40×40×5角铁)	
41(50×50×5角铁)	42(56×56×5角铁)	43(63×63×5角铁)	44(50×37×4.5槽钢)	45(65×40×4.8槽钢)	46(80×43×5槽钢)

47(100×48×5.3槽钢)	48(120×53×5.5槽钢)	49(140×60×8槽钢)	50(180×70×9槽钢)	51(100×68×4.5工字钢)	52(120×74×5工字钢)
53(140×80×5.5工字钢)	54(160×88×6工字钢)	55(250×116×8工字钢)	56(50×30×3槽钢)	57(60×40×3槽钢)	58(70×50×4槽钢)
59(80×40×4槽钢)	60(90×60×4槽钢)	61(C75轻钢龙骨)	62(C75轻钢龙骨)	63(C100轻钢龙骨)	64(C100轻钢龙骨)
65(平面(石材干挂件))	65(侧立面(石材干挂件))	66(正立面(驳接爪))	66(侧立面(驳接爪))	67(平面(嵌入式弹簧铰链))	67(正立面(嵌入式弹簧铰链))
68(轻钢龙骨)	69(正立面(地弹簧))	70(正立面(门铰))	71(侧立面(门铰))	72(侧立面(吊滑))	73(侧立面(吊滑))
74(正立面(吊滑))	74(侧立面(吊滑))	75(正立面(吊滑))	75(侧立面(吊滑))	76(侧立面(窗帘吊滑))	77(平面(铰链))
78(正立面(暗藏闭门器))	79(正立面(暗藏闭门器))	79(正立面(暗藏闭门器))	79(侧立面(暗藏闭门器))	80(正立面(抽屉滑道))	81(正立面(门底条))
82(正立面(门夹))	83(正立面(淋浴房门夹))	83(平面(淋浴房门夹))	84(平面(淋浴房门夹))	84(正立面(门夹))	85(侧立面(门夹))
86(平面(门把手))	86(正立面(门把手))	86(侧立面(门把手))	87(侧立面(门把手))		

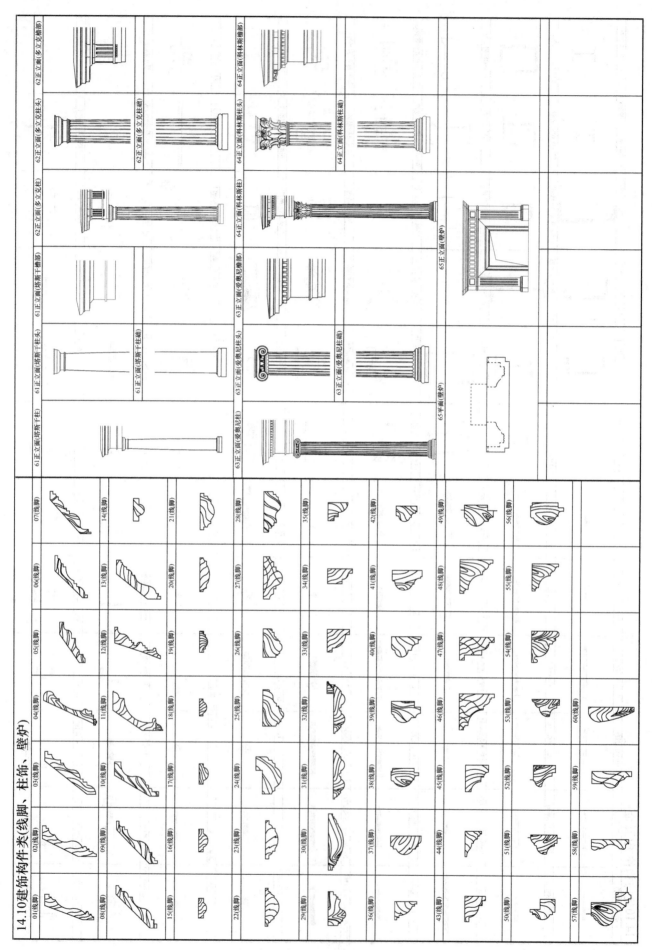

14.10建筑构件类(线脚、柱饰、壁炉)

01(线脚)	08(线脚)	15(线脚)	22(线脚)	29(线脚)	36(线脚)	43(线脚)	50(线脚)	57(线脚)
02(线脚)	09(线脚)	16(线脚)	23(线脚)	30(线脚)	37(线脚)	44(线脚)	51(线脚)	58(线脚)
03(线脚)	10(线脚)	17(线脚)	24(线脚)	31(线脚)	38(线脚)	45(线脚)	52(线脚)	59(线脚)
04(线脚)	11(线脚)	18(线脚)	25(线脚)	32(线脚)	39(线脚)	46(线脚)	53(线脚)	60(线脚)
05(线脚)	12(线脚)	19(线脚)	26(线脚)	33(线脚)	40(线脚)	47(线脚)	54(线脚)	
06(线脚)	13(线脚)	20(线脚)	27(线脚)	34(线脚)	41(线脚)	48(线脚)	55(线脚)	
07(线脚)	14(线脚)	21(线脚)	28(线脚)	35(线脚)	42(线脚)	49(线脚)	56(线脚)	

61正立面(塔斯干柱)
61正立面(塔斯干柱头)
61正立面(塔斯干柱头)
61正立面(塔斯干檐部)
62正立面(多立克柱)
62正立面(多立克柱头)
62正立面(多立克柱础)
62正立面(多立克檐部)
63正立面(爱奥尼柱)
63正立面(爱奥尼柱头)
63正立面(爱奥尼柱础)
63正立面(爱奥尼檐部)
64正立面(科林斯柱)
64正立面(科林斯柱头)
64正立面(科林斯柱础)
64正立面(科林斯檐部)
65平面(壁炉)
65正立面(壁炉)

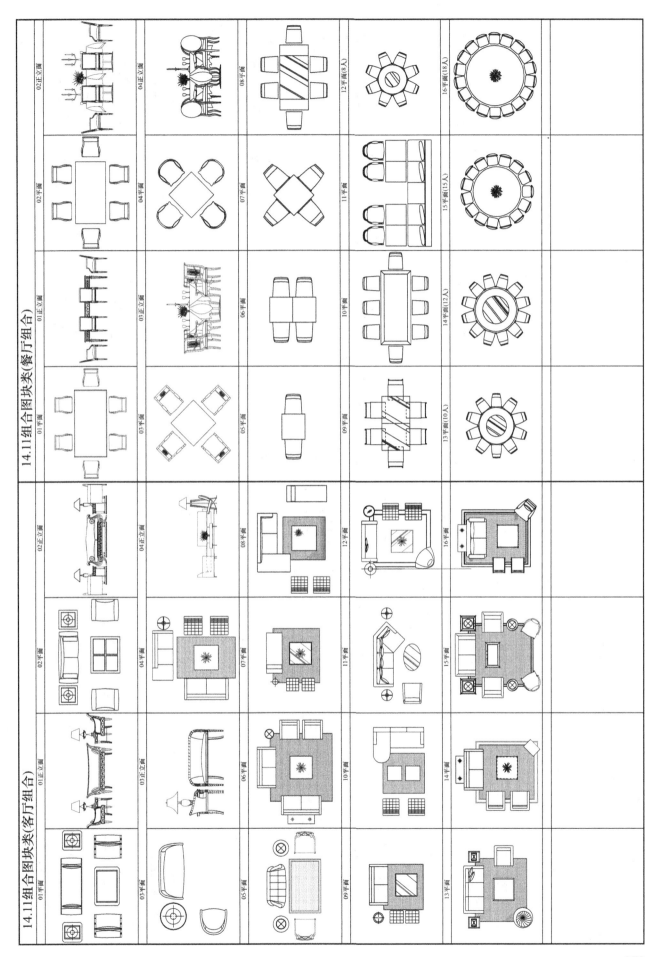

14.11组合图块类(餐厅组合)

01平面 02平面 02正立面
03平面 04平面 04正立面
05平面 06平面 03正立面
09平面 07平面 08平面
13平面(10人) 10平面 11平面 12平面(8人)
14平面(12人) 15平面(15人) 16平面(18人)

14.11组合图块类(客厅组合)

01平面 02平面 02正立面
03平面 04平面 04正立面
05平面 06平面 03正立面
09平面 07平面 08平面
13平面 10平面 11平面 12平面
14平面 15平面 16平面
01正立面

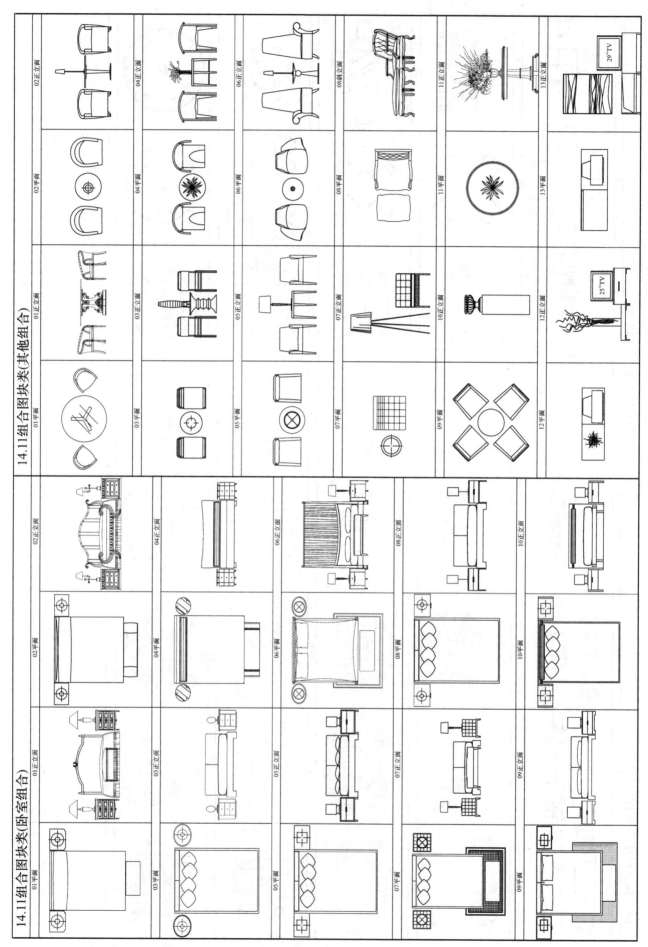

14.11组合图块类(其他组合)

14.11组合图块类(卧室组合)

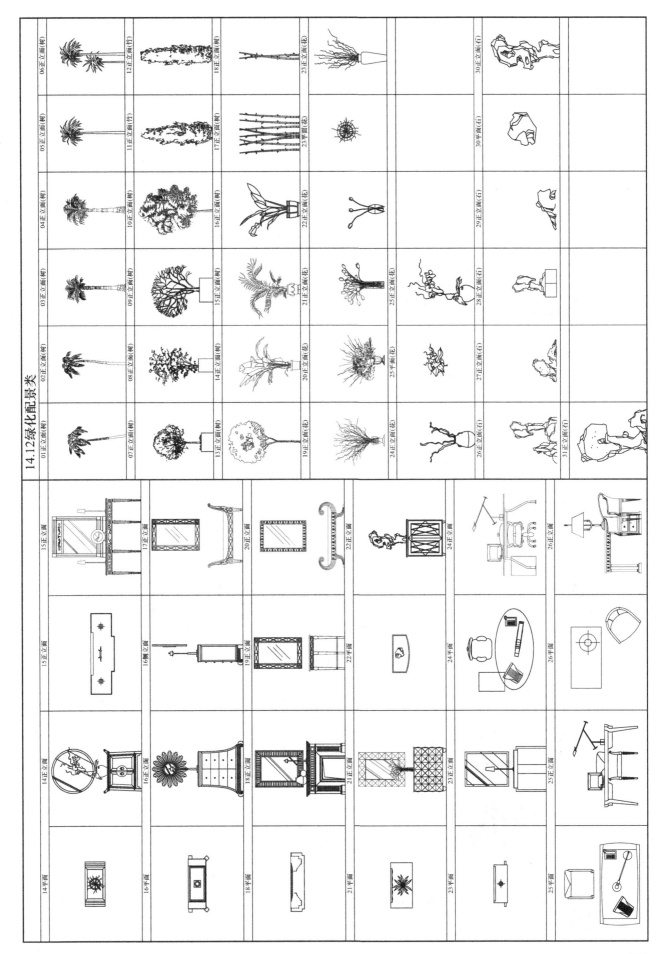

14.12 绿化配景类

181

14.13其他类(艺术品)

01正立面　02正立面　03正立面　03侧立面　04正立面　05正立面
06正立面　07正立面　08正立面　09正立面　10正立面　11正立面
12正立面　13正立面　14正立面　15正立面　16正立面　17正立面
18正立面　19平面　19正面　20平面　20正立面　21正立面
22正立面　23正立面　24正立面　25正立面　26正立面　27正立面
28平面　28正立面　28侧立面　29正立面　30平面　30正立面
31平面　31正立面　32正立面　33正立面
34正立面　35正立面　36正立面
37正面　38正立面

14.13 其他类(电视机、电脑)

01平面(电视机)	01正立面(电视机) 25″TV	02平面(电视机)	02正立面(电视机) 29″TV	03平面(电视机)	03正立面(电视机) 34″TV
04平面(电视机) 43″背投	04正立面(电视机)	05平面(电视机)	05侧立面(电视机)	05正立面(电视机) 42″TV	
06平面(电视机) 50″TV	06侧立面(电视机)	07平面(电视机)	07正立面(电视机) 50″TV	07立面(电视机)	
08平面(电脑)	08正立面(电脑)	08背立面(电脑)	08斜立面(电脑)	08侧立面(电脑)	

14.13 其他类(花饰)

01正立面	02正立面	03正立面	04正立面	05正立面	06正立面
07正立面	08正立面	09正立面	10正立面	11正立面	12正立面
13正立面	14正立面	15正立面	16正立面	17正立面	18正立面
19正立面					

14.13 其他类(镜框)

01平面	01正立面	01侧立面	02平面	02正立面	02侧立面
03正立面	04正立面	05正立面	06正立面		

183

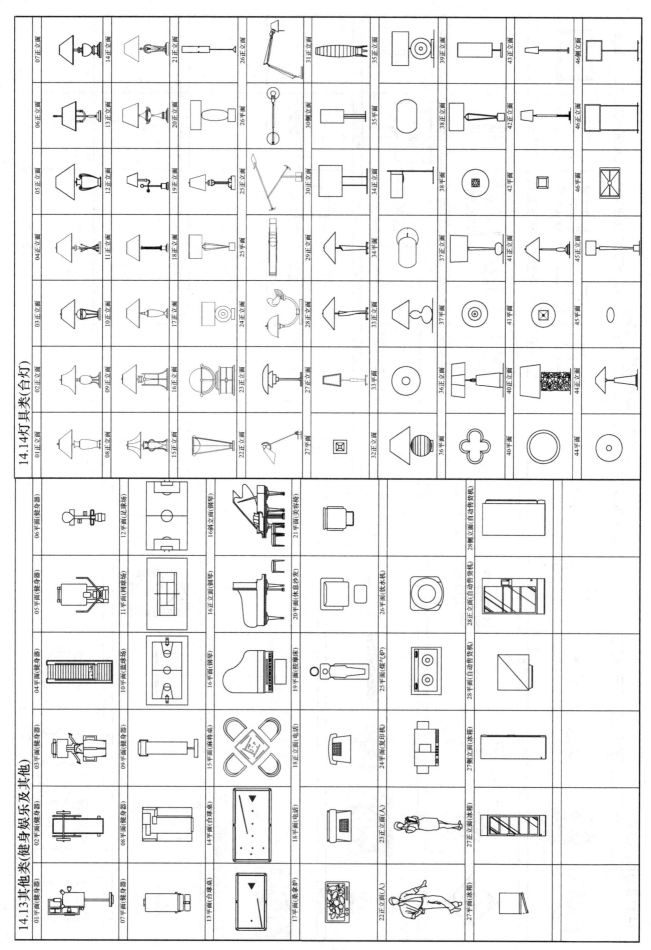

14.14灯具类(台灯)

14.13其他类(健身娱乐及其他)

184

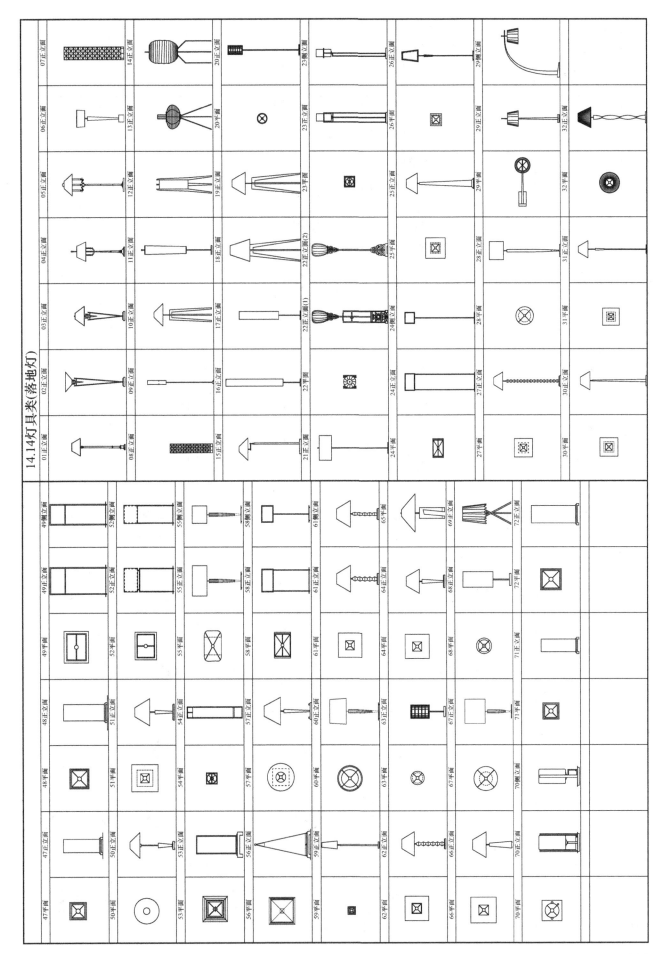

14.14灯具类(落地灯)

185

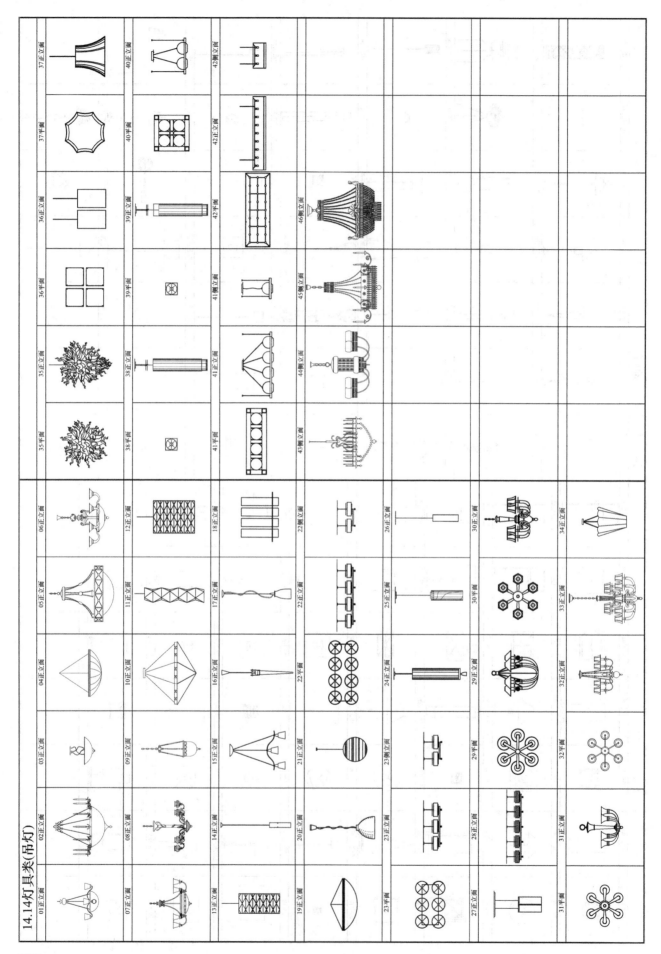

14.14灯具类(吊灯)

14.14 灯具类（壁灯）

01正立面	02正立面	03正立面	04正立面	05正立面	06正立面
07正立面	07侧立面	08正立面	09正立面	10正立面	11正立面	12正立面
13正立面	13侧立面	14正立面	15正立面	16正立面	17侧立面	18正立面
19正立面	19侧立面	20平面	20正平面	20侧立面	21正立面	22正立面
23正立面	23侧立面	24正立面	24正立面	25平面	25侧立面
26平面	26正立面	27平面	27正立面	28正立面
29正立面	30平面	30正立面	30侧立面	31平面(画前灯)	31正立面(画前灯)

14.15 灯光类

001(灯丝管)	002(日光灯管)	003(日光灯管)	004(日光灯管)	005(走珠灯带)	006(美耐灯)
007(洗墙灯)	008(洗墙灯)	009(洗墙灯)			
010(光纤)	011(暗筒灯)	012(暗筒灯)	013(暗筒灯)	014(暗筒灯)
015(暗筒灯)	016(暗筒灯)	017(暗筒灯)	018(暗筒灯)	019(暗筒灯)	020(暗筒灯)
021(暗筒灯)	022(暗筒灯)	023(暗筒灯)	024(暗筒灯)	025(暗筒灯)	026(暗筒灯)
027(筒灯)	028(暗筒灯)	029(暗筒灯)	030(暗筒灯)	031(暗筒灯)
032(暗筒灯)	033(筒灯)	034(筒灯)	035(筒灯)	036(暗筒灯)
037(埋地灯)	038(埋地灯)	039(埋地灯)	040(埋地灯)

082(格栅射灯)	081(格栅射灯)	080(格栅射灯)	079(格栅射灯)	078(暗筒灯)	077(暗筒灯)			
088(舞台射灯)	087(舞台射灯)	086(格栅射灯)	085(格栅射灯)	084(格栅射灯)	083(格栅射灯)	092(导轨射灯)		
		091(射灯)		090(舞台射灯)	089(舞台射灯)	096(导轨射灯)	095(导轨射灯)	094(导轨射灯) 093(导轨射灯)
						099(导轨射灯)	098(导轨射灯)	097(导轨射灯)
103(射灯路轨)	102(射灯路轨)	101(导轨射灯)	100(导轨射灯)			106(固定射灯)	105(固定射灯)	104(射灯路轨)
107(吊挂灯)						110(固定射灯)	109(固定射灯)	108(固定射灯)

044(埋地灯)	043(埋地灯)	042(埋地灯)	041(埋地灯)		
047(踏步灯)	046(踏步灯)	045(踏步灯)		051(插泥灯)	050(插泥灯) 049(插泥灯) 048(踏步灯)
				055(水池灯)	054(水下灯) 053(水下灯) 052(水下灯)
058(格栅灯)	057(格栅灯)	056(格栅灯)		064(暗筒灯)	063(暗筒灯) 062(暗筒灯) 061(暗筒灯) 060(暗筒灯) 059(暗筒灯)
070(暗筒灯)	069(暗筒灯)	068(暗筒灯)	067(暗筒灯)	066(暗筒灯)	065(暗筒灯)
076(暗筒灯)	075(暗筒灯)	074(暗筒灯)	073(暗筒灯)	072(暗筒灯)	071(暗筒灯)

14.16 卫浴类（卫浴五金）

02侧立面(面盆龙头) | 02正立面(面盆龙头) | 02平面(面盆龙头) | 01侧立面(面盆龙头) | 01正立面(面盆龙头) | 01平面(面盆龙头)
04侧立面(面盆龙头) | 04正立面(面盆龙头) | 04平面(面盆龙头) | 03侧立面(面盆龙头) | 03正立面(面盆龙头) | 03平面(面盆龙头)
06侧立面(面盆龙头) | 06正立面(面盆龙头) | 06平面(面盆龙头) | 05侧立面(面盆龙头) | 05正立面(面盆龙头) | 05平面(面盆龙头)
08侧立面(面盆龙头) | 08正立面(面盆龙头) | 08平面(面盆龙头) | 07侧立面(浴缸龙头) | 07正立面(浴缸龙头) | 07平面(浴缸龙头)
10侧立面(浴缸龙头) | 10正立面(浴缸龙头) | 10平面(浴缸龙头) | 09侧立面(浴缸龙头) | 09正立面(浴缸龙头) | 09平面(浴缸龙头)
12侧立面(浴缸龙头) | 12正立面(浴缸龙头) | 12平面(浴缸龙头) | 11侧立面(浴缸龙头) | 11正立面(浴缸龙头) | 11平面(浴缸龙头)

113(固定射灯) | 117(嵌射灯) | 122(吸顶筒灯)
112(固定射灯) | 116(嵌射灯) | 121(悬挂筒灯)
111(固定射灯) | 115(嵌射灯) | 120(吊筒灯)
114(嵌射灯) | 119(吊筒灯)
118(嵌射灯) | 123(庭院投光灯)

189

14.16 卫浴类(座便器)

座便器（平面、正立面、侧立面）编号 01–16

卫浴配件（毛巾架、肥皂碟、厕纸架、单衣钩、化妆台、置物架、牙刷口杯架、化妆镜、地漏）编号 13–31

13平面(毛巾架) 13正立面(毛巾架) 13侧立面(毛巾架) 14平面(毛巾架) 14正立面(毛巾架) 14侧立面(毛巾架)
15平面(毛巾架) 15正立面(毛巾架) 15侧立面(毛巾架) 16平面(肥皂碟) 16正立面(肥皂碟) 16侧立面(肥皂碟)
17平面(肥皂碟) 17正立面(肥皂碟) 17侧立面(肥皂碟) 18正立面(肥皂碟) 18侧立面(肥皂碟)
19平面(厕纸架) 19正立面(厕纸架) 19侧立面(厕纸架) 20立面(厕纸架) 20侧立面(厕纸架)
21平面(厕纸架) 21正立面(厕纸架) 21侧立面(厕纸架) 22平面(单衣钩) 22侧立面(单衣钩)
23平面(单衣钩) 23正立面(单衣钩) 23侧立面(单衣钩) 24正立面(单衣钩) 24侧立面(单衣钩)
25平面(化妆台) 25正立面(化妆台) 25侧立面(化妆台) 26平面(置物架) 26立面(置物架)
27平面(置物架) 27正立面(置物架) 27侧立面(置物架) 28平面(牙刷口杯架) 28正立面(牙刷口杯架) 28侧立面(牙刷口杯架)
29平面(化妆镜) 29正立面(化妆镜) 29侧立面(化妆镜) 30正立面(化妆镜) 30侧立面(化妆镜) 31平面(地漏)

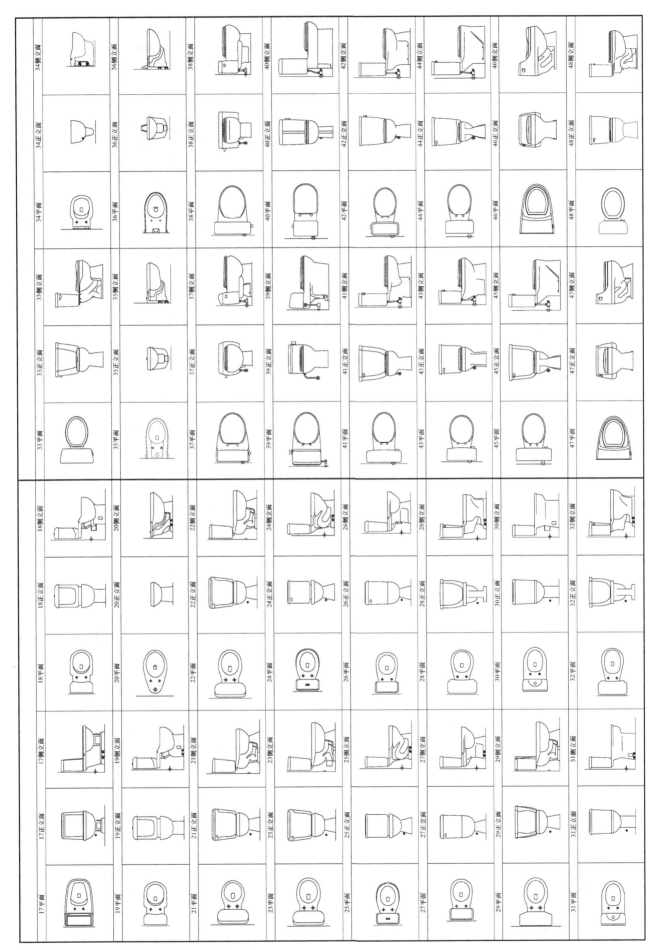

191

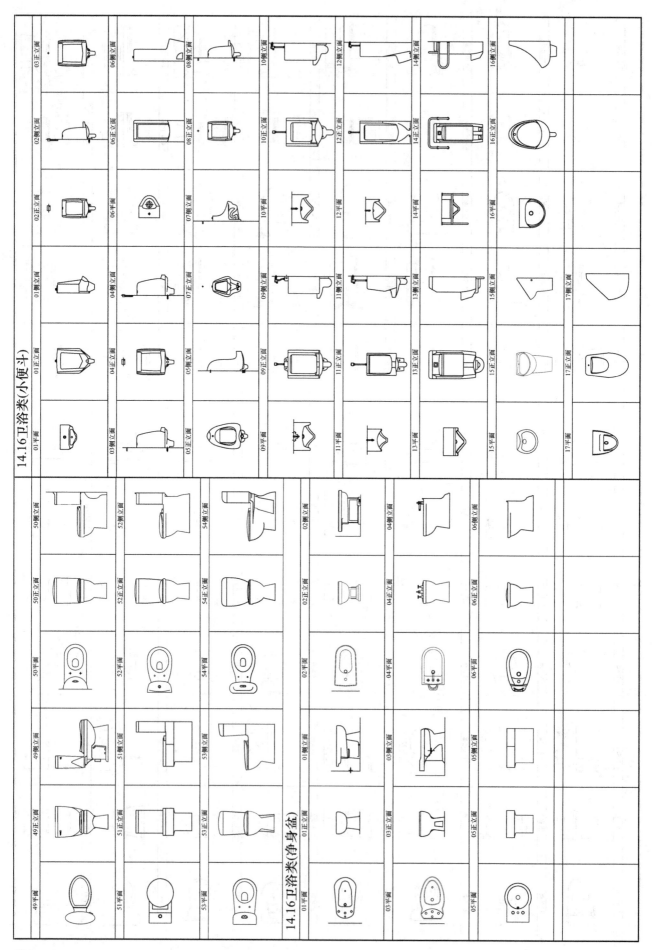

14.16卫浴类(小便斗)

14.16卫浴类(净身盆)

192

14.16 卫浴类（台盆）

18侧立面	18正立面	18平面	17侧立面	17正面	17平面	
20侧立面	20正立面	20平面	19侧立面	19正面	19平面	
24侧立面	24正立面	24平面	21侧立面	21正面	21平面	
25侧立面	25平面	22侧立面	22平面	23正立面	23平面	
27侧立面	27正立面	27平面	26侧立面	26正立面	26平面	
29侧立面	29正立面	29平面	28侧立面	28正立面	28平面	
31侧立面	31正立面	31平面	30侧立面	30正立面	30平面	
33侧立面	33正立面	33平面	32侧立面	32正立面	32平面	
02侧立面	02正立面	02平面	01侧立面	01正立面	01平面	
04侧立面	04正立面	04平面	03侧立面	03正立面	03平面	
06侧立面	06正立面	06平面	05侧立面	05正立面	05平面	
08侧立面	08正立面	08平面	07侧立面	07正立面	07平面	
10侧立面	10正立面	10平面	09侧立面	09正立面	09平面	
12侧立面	12正立面	12平面	11侧立面	11正立面	11平面	
14侧立面	14正立面	14平面	13侧立面	13正立面	13平面	
16侧立面	16正立面	16平面	15侧立面	15正立面	15平面	

14.16 卫浴类(浴缸)

02侧立面　04侧立面　06侧立面　08侧立面　10侧立面　12正立面　13侧立面　14侧立面

02平面　04平面　06平面　08平面　10平面　12平面　13侧立面　14侧立面

01侧立面　03侧立面　05侧立面　07侧立面　09侧立面　11正立面　13正立面　14正立面

01平面　03平面　05平面　07平面　09平面　11平面　13平面　14平面

35侧立面　37侧立面　39侧立面　41侧立面　43侧立面　45侧立面

35正立面　37正立面　39正立面　41正立面　43正立面　45正立面

35平面　37平面　39平面　41平面　43平面　45平面

34侧立面　36侧立面　38侧立面　40侧立面　42侧立面　44侧立面　46侧立面

34正立面　36正立面　38正立面　40正立面　42正立面　44正立面　46正立面

34平面　36平面　38平面　40平面　42平面　44平面　46平面

24侧立面		24侧立面	23侧立面	23平面				
		25侧立面	25正立面	25平面				
		26侧立面	26正立面	26平面				
		27侧立面	27正立面	27平面				
		28侧立面	28正立面	28平面				
		29侧立面	29正立面	29平面				
		30侧立面	30正立面	30平面				
		31侧立面	31正立面	31平面				

15侧立面	15正立面	15平面
16侧立面	16正立面	16平面
17侧立面	17正立面	17平面
18侧立面	18正立面	18平面
19侧立面	19正立面	19平面
20侧立面	20正立面	20平面
21侧立面	21正立面	21平面
22侧立面	22正立面	22平面

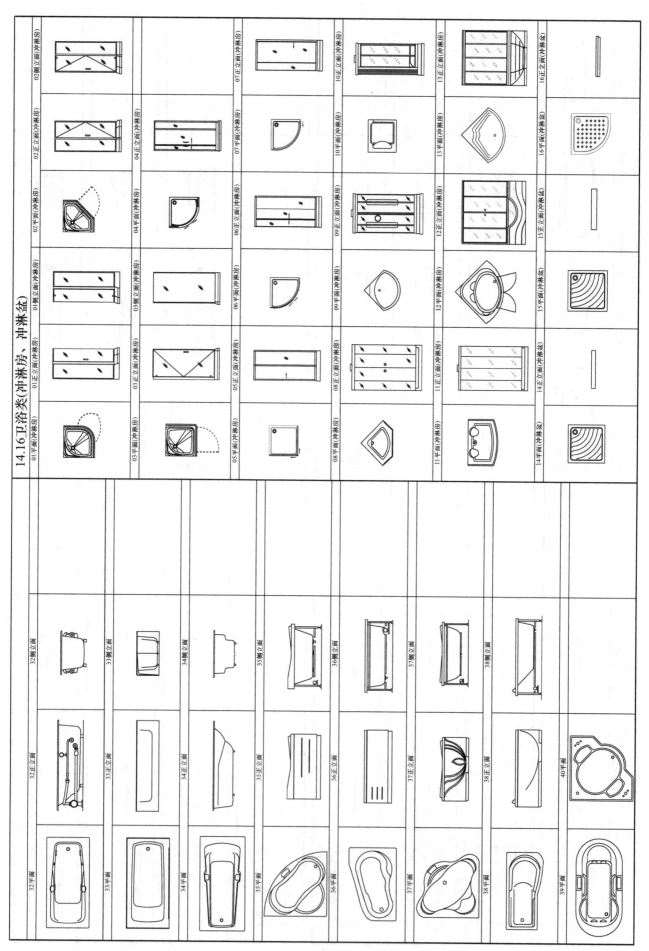

14.18 开关插座类

01正立面(洗漱前板)	02正立面(电话接口)	03正立面(电视接口)	04正立面(单联开关)	05正立面(双联开关)	06正立面(三联开关)
07正立面(四联开关)	08平面(地插座)				
09(一极扁圆插座)	10(三极扁圆插座)	11(三极扁圆地插座)	12(三极扁圆插座)	13(三极扁圆插座)	14(带开关三极插座)
15(普通型三极插座)	16(防溅三极插座)	17(带开关防溅三极插座)	18(三相四极插座)		
19(单联单控翘板开关)	20(双联单控翘板开关)	21(三联单控翘板开关)	22(四联单控翘板开关)	23(声控开关)	24(单联双控翘板开关)
25(双联双控翘板开关)	26(三联双控翘板开关)	27(四联双控翘板开关)	28(配电箱)	29(弱电综合分线箱)	30(电话分线箱)

14.17 消防、空调、弱电类

01条型风(口)	02条型风(口)	03回风(口)	04出风(口)	05出风(口)	06检修(口)
07排气扇	08消防应出(口)	09消火栓	10吸顶式扬声器	11喷淋	12(侧喷淋)
13(喇叭)	14(温感)	15(监控头)	16(防火卷帘)	17(电脑接口)	18(电话接口)
19电视接(口)	20卫星电视出线箱	21音响出线箱	22(电脑分线箱)	23(红外双鉴探头)	24(吸顶式扬声器)
25可视对讲室内主机	26可视对讲室外主机	27弱电过路接线盒			

15. 线上图库资源使用方法

登录中国建筑工业出版社官网 www.cabp.com.cn

↓

输入书名或征订号查询

↓

点选图书

↓

点击配套资源即可下载

（重要提示：下载配套资源需注册网站用户并登录）

如在资源下载过程中遇到问题，请联络：4008-188-688（周一至周五工作时间）